KB120932

떼아모, 볼리비아!

떼아모, 볼리비아!

하늘과 맞닿은 땅, 낙천적인 사람들

초판 1쇄 인쇄일 2018년 8월 31일
초판 1쇄 발행일 2018년 9월 7일

지은이 박원옥
펴낸이 양옥매
디자인 임홍순
교 정 임수연, 허우주

펴낸곳 도서출판 책과나무
출판등록 제2012-000376
주소 서울특별시 마포구 방울내로 79 이노빌딩 302호
대표전화 02.372.1537 **팩스** 02.372.1538
이메일 booknamu2007@naver.com
홈페이지 www.booknamu.com
ISBN 979-11-5776-617-8(03980)

이 도서의 국립중앙도서관 출판시도서목록(CIP)은 서지정보유통지원 시스템
홈페이지(http://seoji.nl.go.kr)와 국가자료공동목록시스템
(http://www.nl.go.kr/kolisnet)에서 이용하실 수 있습니다.
(CIP제어번호 : CIP2018028123)

떼아모,
볼리비아

박원옥 지음

Te amo,
Bolivia!

책나무

먼저 박원옥 자문관의 볼리비아 자문 활동과 생활을 담은 저서의 출간을 축하드립니다. 박원옥 자문관은 오랜 기간 정보통신 분야에서 근무하면서 우리나라의 정보통신 발전을 몸소 체험하고 이끌어 온 전문가로서 퇴직 후에도 스리랑카와 볼리비아에서 우리나라의 발전된 정보통신 기술을 개발도상국에 지도해 주고 지원해 주는 우리 외교의 중요한 분야를 담당하고 있습니다.

볼리비아는 우리나라와 지구 반대편인 남미 대륙의 한가운데 위치한 나라로서 그동안 잘 알려지지 않았지만 최근 우유니 소금 호수와 티티카카 호수 등 유명관광지가 국내 방송에 소개되면서 많은 관광객들이 방문하는 나라가 되었습니다.

볼리비아는 1825년 스페인 식민지에서 독립한 후에도 약 190여 년간 150여 회 정권이 교체될 정도로 정정이 불안하고, 경제가 발전되지 못하여 최근까지 1인당 국민소득 3천 달러에 머무르며 파라과이와 함께 남미 대륙의 최빈국 중 하나로 남아 있습니다. 그러나 2005년 최초의 원주민 출신 대통령인 에보 모랄레스 아이마 대통령이 취임한 후 강력한 지도력으로 정치와 사회를 안정시키면서 최근 10여 년 넘게 매년 5% 이상의 경제성장률을 달성하는 등 남미 대륙에서 우수한 성과를 보여주고 있으며 이로 인해 다수의 우리 기업들도 볼리비아에 진출하여 활약하고 있습니다.

우리 정부 또한 볼리비아를 한국국제협력단(KOICA)을 통한 중점 지원 협력 대상국으로 지정하고 여러 분야에 우리나라의 전문가와 자문관을 파견하여 지도하고 지원하고 있습니다.

이러한 상황에서 박원옥 자문관은 2016년 정보통신산업진흥원(NIPA) 파견 자문관으로 부임하여 볼리비아의 정보통신부처에서 근무하면서 낙후된 이 나라의 정보통신 시스템을 −무에서 유를 창조한다 할 정도로− 지도하고 지원하면서 우리의 외교에도 큰 도움이 되고 있습니다. 이에 주재 대사로서 항상 고마움을 느끼고 있던 차에 박 자문관이 볼리비아 근무 경험을 바탕으로 책을 출간한다고 하니 더욱 축하할 따름입니다. 다시 한번 출간을 축하드리며, 많은 사람들이 이 책을 통해 볼리비아와 박원옥 자문관의 경험을 공유하기를 기대합니다.

2018년 9월
제9대 주 볼리비아 대한민국 대사 이종철

With the rapid socio-economic changes in the country, development activities have been initiated in all areas ensuring the dividends of country's development to all masses equally. Vice Ministry of Telecommunications (VMT), under the Ministry of Public Works, Services and Housing which comprises 9 departments and 122 provinces plays a vital role in developing and diffusing advanced ICT from top to bottom.

I know that NIPA dispatched IT expert Mr. Wonok Park to our ministry for consulting the Cloud Computing Systems since December, 2016, with aim to introduce basic concept of Korea Government Integrated Data Center and seek its adaptabilities to our ministry for upgrading and improving our Information Systems efficiency.

He had been working with us two years and contributed in many ways for the ICT development of the Ministry by sharing his international experiences with our staffs. His constructive, creative and innovative concepts have supported ministry's ICT sector to make more fruitful decisions. I know well there have been the remarkable improvements in Korea in IT and e-Government sector during the last two decades.

I earnestly believe that the dream towards the Cloud-based

Government Integrated Data Center project in Bolivia will come true if we are ready to work with these new technologies. As a Ministry with a huge telecommunication network of service delivery points we must think of modern ways for citizen centric service delivery. In that sense I think it is a great opportunity for our Ministry to have a Korean IT expertise like Mr. Wonok Park to share-out his expertise with us.

At the moment of his starting one more year working with us in this Ministry, he is said to publish a book of his own writing about Bolivia. With my warm heart, I would like to congratulate him on his book publishing.

I would like to thank Korean Government, NIPA and especially Mr. Wonok Park for the laudable service rendered to the IT development of the Ministry. I wish all the success for his future endeavors.

Best Regards.

With Love.

2018. 9.

Marco Antonio Vasquez Quiroga

Former Vice Minister, Vice Ministry of Telecommunications

Ministry of Public Works Services and Housing, Bolivia

볼리비아의 사회경제적 급격한 변화와 더불어, 국가 개발의 혜택을 모든 대중에게 공평히 분배하고자 개발 활동이 모든 분야에서 주도되어 왔습니다. 공공관리부 통신차관실은 9개 주와 122개 현의 전면적인 선진 정보통신기술(ICT) 개발과 보급에 활기찬 역할을 수행하고 있습니다.

대한민국 정보통신산업진흥원(NIPA)에서 IT 전문가인 박원옥 씨를, 클라우드 컴퓨팅 시스템 자문관으로서, 한국의 통합 정부 데이터센터의 기본개념을 소개하고 또한 당 부처에 그의 접목 가능성을 모색하여, 정보시스템 효율성 향상과 개선을 목적으로 2016년 12월에 당 부처로 파견한 것으로 압니다.

박원옥 씨는 우리와 함께 2년을 근무하면서 그의 국제적 경험을 우리 직원들과 나누며 당 부처 IT 개발을 위하여 여러 가지 면에서 기여하고 있습니다. 그가 건설적이고, 창의적이며, 혁신적이고도 유익한 의사결정을 하도록 당 부처 IT 부서에서는 지원하고 있습니다.

한국이 지난 20년 동안 IT와 전자정부(e-Government) 분야에서 놀랄 만한 발전을 이룩했다는 것을 잘 압니다. 우리가 이런 신기술과 함께 일할 준비를 한다면 볼리비아의 클라우드 기반 데이터센터 구축 프로젝트는 반드시 성공적으로 실현될 것이라 믿습니다. 거대 통신 네트워크 부처로서 우리는 시민중심의 서비스제공을 위한 현대화된 방법을 생각하지 않으면 안 됩니다. 그런 면에서 본다면, 당 부처가 박원옥 씨와 같은 IT 전문가와 함께 그의 전문 지식을 공유할 수 있다는 것은 대단한 기회라고 생각합니다.

박원옥 씨가 당 부처에서 1년을 더 근무하기로 한 시점에 볼리비아에 대한 책을 출판한다고 합니다. 따뜻한 마음으로 출간을 축하하고자 합니다. 한국 정부와 NIPA에 감사하며, 특히 박원옥 씨의 당 부처 IT 발전을 위한 칭찬할 만한 봉사에 감사드립니다. 그의 미래의 모든 노력에 성공을 기원합니다.

2018년 9월
전 볼리비아 공공관리부 통신차관
마르코 안토니오

『내가 만난 스리랑카』에 이은 두 번째 책이다. 전문 분야 위주로 집필하기보다는 독자들이 흥미를 가질 만한 내용과 사진을 실어 시각적 효과를 살리고자 했다.

볼리비아 사람들은 순수하고 낙천적이다. 나는 그 순수하고 낙천적인 사람들이 좋다. 그들과 함께, 그들을 위하여 의미 있는 일을 하고 싶다. 남미 전체가 넓은 기회의 땅이라면 그 중 볼리비아는 넓은 영토에 비해 개방이 덜 된, 가장 기회가 많은 곳임에 틀림없다. 당초 볼리비아를 선택했을 때의 기대에 어긋남 없이 모든 일이 잘 되어 가고 있다. 볼리비아 정부 자문 업무는 한국 정부 기관인 정보통신산업진흥원(NIPA)의 도움을 받아 계획대로 잘 진행 중이다. 60대 중반의 나이에 이곳에서 국가 데이터센터 구축 프로젝트 자문을 하며 마지막 보람을 찾고 있다.

대부분의 남미국가가 그렇겠지만 볼리비아는 공식적인 업무 외에는 영어가 거의 통하지 않아 원활한 현지 적응을 위해서 스페인어가 필수이다. 매일 스페인어를 반복해서 학습하면서 실감하지 못했던 내 나이를 알 수 있었지만 스페인어가 많이 좋아지고 있음에 뿌듯함을 느낀다.

생전 처음 가보는 명소들을 찾아다니며 자신을 돌아보며 인생을 즐긴다. 세계에서 가장 높은 호수인 티티카카 호수와 태양의 섬, 죽기 전에 꼭 봐야 한다는 우유니 소금 호수, 정열의 오루로 축제, 세계에서 가장 위험하다는 융가스 죽음의 도로, 가장 높은 도시 라파스와 명물 텔레페리코 등이 볼리비아에 있다. 볼리비아는 물론 정열의 남미 국가들도 마음껏 즐기고 있다.

해발 3,650m 라파스의 중심가 프라도를 자주 걷는다. 이곳에는 많지 않은 한국 교민이 거주하지만 종종 그들을 만나서 얼룩진 이민사를 통한 실제 경험과 삶의 방식을 배운다. 그리고 도움을 주고받을 만한 친구를 사귀며 새롭게 도전할 영역을 발견한다.

본연의 임무인 볼리비아 정부 자문, 현지 적응을 위한 스페인어 공부, 여가를 활용한 볼리비아 및 주변국 여행, 그리고 불확실한 나의 미래를 위한 고민과 노력 등 현실적이고 중요한 모든 과제들이 계획대로 순조롭게 진행되고 있다.

나의 보잘것없는 이 활동 모습이 세계 각국에서 활동하고 계신 한국 정부 파견 자문단 및 봉사단원들과 미래의 자문봉사단원들께 조금이라도 참고가 되었으면 한다. 아울러 남미에 관심 있는 여행객들과 투자자들께도 실질적인 도움이 될 것을 기대한다.

NIPA에 감사하며,
2018년 9월 라파스에서
박원옥 씀

목차 °

Te amo, Bolivia!

PART 1 ___

높은 산의
나라로

• • •

"어디든지 친절하게 운전사는 정차를 하고, 손님이 길에서 손을 들면 어디서든 지 승객을 태운다. 처음에는 이상하게 생각했는데 이보다 더 편한 시스템이 있 을까 싶은 생각이 든다. 또한 승차하는 모든 사람들은 먼저 인사를 하고, 이미 타고 있는 승객들은 인사를 받는다. 그리고 창 쪽에 앉은 사람은 타는 사람을 위 하여 접힌 의자를 세워주고 출입문을 계속해서 열고 닫고 해준다. 아름다운 모 습이다."

▽ 라파스 통신센터(CCLP: Center of Communication in La Paz)

Chapter 01

라파스에서
다시 시작한 인생 2막

¶ 가장 먼 땅, 볼리비아를 선택하다

볼리비아는 15세기 중반부터 100여 년간 잉카제국의 지배를 받다가 1538년 프란시스코 피사로(Francisco Pizzaro)가 점령하여 스페인의 식민지가 되었다.

1825년 8월 6일 시몬 볼리바르(Simon Bolivar)와 안토니오 호세 데 수크레(Antonio Jose de Sucre)가 이끄는 독립군이 스페인군을 격파하여 스페인 식민통치를 종식시켰다. 1825년 8월 11일 볼리바르 장군이 볼리비아 초대 대통령으로 취임하여 헌법을 제정하고 집권 4개월 만에 물러났으며, 1825년 12월 29일 독립 영웅인 수크레가 그 뒤를 이었으나 폭동으로 1828년 퇴임하였다. 이후 1년간의 정치적 혼란기를 거친 뒤 1829년 안드레스 데 산타크루스(Andres de Santa Cruz)가 대통령으로 취임하여 1839년까지 10년간 통치하며 정치, 경제적으로 볼리비아의 최대 전성기를 구가하였다.

볼리비아는 1879년부터 1883년까지 치른 칠레와의 태평양전쟁에서 패배하여 태평양 연안지역을 상실하고 내륙국가로 전락한다. 1932년부터 1935년까지 있었던 파라과이와의 전쟁에서도 패배하여 그란차코 지역 75%의 영토를 상실하고(현 파라과이 영토의 50%) 국내 정치와 경제가 불안정하여 수많은 군사정부와 혁명운동이 난무하는 혼란이 지속되었다.

계속되는 정치적 혼란 속에서 2005년 12월 총선에서 사회주의운동당(MAS) 총재 에보 모랄레스 아이마(Evo Morales Ayma)가 50% 넘는 득표율로 사상 첫 원주민 대통령으로 당선되어 현재까지 집권하고 있다. 2019년 말에 대선이 있을 예정이다.

안데스 산맥 위에 있는 '세계에서 가장 높은 도시' 라파스, 하늘과 맞닿은 우유니 소금사막, 남미 3대 축제 중의 하나인 오루로 축제, 죽음의 도로로 유명한 융가스산맥, 지구에서 가장 높은 곳에 있다는 티티카카 호수가 있는 나라.

정식 국가명은 볼리비아 다민족국(Plurinational State of Bolivia)이다. 남아메리카 중부에 있는 내륙국(landlocked country)으로, 행정수도는 라파스이며, 사법수도는 수크레다. 브라질, 파라과이, 아르헨티나, 칠레, 페루와 인접해 있다. 면적은 약 1백만 ㎢이고 인구는 약 1천만 명이다. 현재 대통령은 에보 모랄레스 아이마이고, 중앙정부는 21개 부처로 구성되어 있다. 지방은 9개 주(Departamentos)와 112개 현(Provincias)으로 되어 있다.

2016년 말에는 인터넷 10%, 컴퓨터 25%, 전화 66%의 전국 평균 보급률을 보였다.

지원국가 선택 시에 많은 고민을 했다. 우선적인 고려사항은 합격 가능성이었지만 이번 정보통신산업진흥원(NIPA) 자문단 지원은 한국국제협력단() 자문단에 이어 내가 일할 수 있는 마지막 기회이기 때문에 좀더 내가 원하는 환경의 국가에서 원하는 종류의 일을 하고 싶었다. 가고 싶은 나라와 하고 싶은 업무 사이에서 누구나 고민을 할 것이다. 그리고 지원국가별로 장단점이 확연하다. 어느 부분에 비중을 더 둘 것인지는 사람마다 다를 것이다.

지원국가가 속한 대륙, 한국과의 비행거리, 음식, 기후, 문화, 언어 등 결정 요인은 다양하다. 남미 문화를 경험해 보고 싶었다. 다음에는 원하는 업무범위에 있는 국가를 선택했다. 페루, 파라과이, 볼리비아가 선택되었고 그 순서대로 구미가 당겼다. 그러나 장고 끝에 마지막 순서인 볼리비아를 선택했다. 우선 고도 문제로 인기가 낮고 덜 알려진 국가이므로 합격 가능성이 높을 것으로 판단했다. 또한 비교적 경제 여건이 열악하고 덜 개방되어 순수성을 간직한 국가라고 판단했다. 선택은 간단했지만 과정은 쉽지 않았다. 많은 지원자가 한두 번씩은 응시에서 탈락한다고 한다. 심지어 자문관 파견제도를 은퇴자의 고시라고 부를 정도로 경쟁이 치열하다고 들었다.

이곳에서의 지금, 업무의 진행 정도와 현지 문화에 대한 적응 등 모든 것이 마음에 들고 순조롭다. 그러나 한 가지만큼은 너무 쉽게 생각했던 것 같다. 고산병에 대한 마음가짐이었다. 운동과 섭생 등 노력으로 극복할 수 있으리라 믿었는데 이번 경우는 좀 다른 것 같다. 고산병은 극복이 아니고 적응이 정답이라고들 한다. 지금 생각해 보니 과연 그런 것 같다. 20년 이상 이곳에서 살아온 교민들도 아직 고산병에 완전히 적응을 못하고 있다고 한다. 증상은 사람마다 다른 것 같다. 숨이 차고 머리가 맑지 못하며 쉽게 피곤해 하는 사람들을 많이 보았다. 이런 증상들이 신체에 어떤 영향을 어떻게 미치는지에 대해서는 아직 들은 바가 없다. 나는 마지막 봉사의 기회를 의미 있게 잘 활용할 생각만 하기로 했다.

¶ 라파스 입성과 혹독한 신고식

2016년 12월 8일 인천공항, 10시 15분 발 대한항공 비행기에 몸을 맡겼다. 워싱턴 D. C.와 콜롬비아 보고타를 거쳐 라파스를 향하는 대장정에 올랐다. 원래는 9일 새벽 2시 50분 라파스에 도착할 예정이었는데, 하루 지연되어 10일 새벽, 예정된 시각보다 더 늦은 시각에 도착하였다. 워싱턴 발 보고타 행 비행기가 연착되어서 보고타에서 라파스로 가는 비행기를 탈 수 없었기 때문이다. 본의 아니게 보고타에서 1박을 하고 다음날 같은 시각에 라파스행 비행기를 탈 수밖에 없었다.

보고타에서 라파스 가는 비행기를 당일에 탈 수 없다는 얘기를 듣고 이해하는 데는 시간이 걸렸다. 우리 일행은 피로에 지쳐서 기진맥진한 상태였고 콜롬비아 항공사 여직원의 서투른 스페인어식 영어 설명은 대단히 이해하기 어려웠다. 워싱턴에서 그 많은 화물을 모두 찾아 끌고서 멀리 떨어져 있는 남미 항공사 카운터로 이동을 하였다. 게다가 난 어깨 수술로 한쪽 팔을 거의 쓸 수가 없었다. 보고타 공항에서도 거의 같은 상황이 일어났다. 익일, 같은 시각의 라파스행 비행기를 이용해야만 했던 것이다. 그러나 만 24시간을 생전 처음 오는 남미 콜롬비아 보고타에서 멋지게 활용할 수 있는 기회를 가졌다. 나와 업무는 다르지만 같은 부서에서 근무하게 된 금창근 자문관은 오히려 잘 되었다고 했다. 우리는 다음 날 하루를 보고타 시내 관광에 할애할 수 있었다. 불행 중 다행이었다.

금 자문관은 화물 초과 부담금을 10만원 냈다고 했다. 나는 40만원

△ 콜롬비아 보고타 몬세라떼(Monseratte, 3,127m) 언덕에서 금창근 자문관과 함께

이나 지불했는데, 금 자문관의 짐은 나보다 큰 가방 1개 정도는 적어 보였다. 모든 짐을 진공 포장했고 기내 반입 수하물 가방을 최대한 무거운 것으로 채웠다고 했다. 나는 모든 절차를 규정대로 따랐기에 요금을 더 내야 했다. 그동안 외국 항공사를 이용하면서 경험했던 융통성을 대한항공에서는 찾아볼 수가 없었다. 여행사에서는 얼마 전까지 발휘하던 융통성이 김영란법으로 인하여 사라졌다고 했다. 한국에서 비싸게 가져온 물건과 음식들을 조심스럽게 사용하고 아껴서 오래 먹을 생각이다. 우리는 비행기 연착으로 도착이 지연된다는 사실을 여행 도중에 서울사무소와 라파스 자문관들에게 통보했다.

다음날 드디어 라파스의 엘 알토(El Alto) 공항에 도착했다. 세계에서 가장 높은 해발 4,000m의 공항에 내리자 잠시 후 숨이 가슴에 차는 것을 느낄 수가 있었다. 어떤 이가 공항 전체에 카트가 3개밖에 없다고 한다. 카트에 짐을 먼저 실은 사람이 짐을 밖으로 옮기고 난 후 한참을 기다리면 짐꾼이 카트를 끌고 들어온다. 처음에는 이것을 모르고 카트를 찾느라 여기저기 돌아다녔다. 내 짐을 밖으로 옮기기 위해서는 절대적으로 짐꾼이 필요했는데 그 사실을 누군가에게 알릴 방법이 없었다. 스페인어를 못하면 이곳에 적응하기가 대단히 어려울 것 같다는 생각이 들었다. 한참을 초조하게 기다리다가 겨우 한 짐꾼을 몸짓으로 설득하여 짐을 옮길 수 있었다. 그는 옮기는 도중에 몸짓으로 몇 번씩 추가 요금을 요구했고 나는 응할 수밖에 없었다. 그렇게라도 할 수 있다는 것이 다행스럽다고 생각했다. 민박집 사장의 공항 픽업 도움으로 우리는 새벽에 생전 처음 밟은 땅, 남미 볼리비아의 라파스에 안착할 수 있었다.

"라파스 공항에서는 무거운 짐을 들지 말고 절대로 빨리 걷지 말라." 던 누군가의 말이 생각났다. 아까 무빙벨트에서 모든 짐을 다 들어 내렸었다. 피곤하고 어지럽고 정신이 멍했다. 비행 내내 어깨 통증으로 독한 소염 진통제를 복용했었다. 고도 문제로 숨이 찬 것인지, 피곤해서 힘이 드는 것인지, 약 기운으로 힘이 드는 것인지 알 수가 없었다. 복합적인 이유였을 것이다.

라파스 도착 3일째 되던 날, 드디어 신고식을 하게 되었다. 딱히 고산병 신고식은 아니었고 통합 신고식인 셈이었다. 왜냐하면 도착 당일과 그 다음날(금·토요일) 이틀 내내 집 구하느라 센트로 지역(해발 3,650m)을 휘젓고 다녔기 때문이다. 복통과 설사 그리고 두통이 한꺼번에 찾아왔다. 한국에서 파견 나온 코이카 협력의사가 집으로 찾아와서 진찰을 하고 처방을 해 준 후 조금 안정을 찾을 수 있었다.

며칠이 지나자 상태는 좋아졌다. 그러나 며칠 후에 같은 증상이 다시 찾아왔다. 같은 방법으로 치료를 하였다. 또 며칠이 지났다. 그리고 거의 3~4일간 샤워할 때 코피를 흘렸다. 아주 심하게 줄줄 흐르는 정도였다. 남들은 이런 증상들이 모두 신고하는(적응하는) 과정이라고 했다. 한국에 SOS를 취했고 하는 수 없이 또 한국 협력의사를 집으로 불렀다. 그 후 설사로 현지 병원을 한 번 더 찾았다. 그리고 나서 지금까지 크게 고통스럽거나 아프지 않게 지내고 있다. 문제는, 숨이 차고 피곤하며 가벼운 두통이 거의 항상 있다는 사실이다. 이것이 내가 경험한 고산병 증상이다.

그리고 술을 마시면 숨이 차고, 그 다음날 아주 많이 힘들었다.

약 두 달 후, 나의 체중은 4~5kg 줄었다. 여건 상 한국보다 고기를 많이 먹는데 오히려 체중은 줄었다. 꾸준히 걷기 운동과 식생활에 신경을 쓰면서 건강 관리를 하면 고산병 증상은 극복되거나 적응되리라 믿었다 (그러나 오랜 시일이 지난 지금도 마찬가지이다). 의사는 산소발생기의 도움을 받으면 좋다고 충고를 한다. 사무실의 고도는 3,650m, 집은 3,350m 정도이다. 아침에 출근하면 숨이 많이 차다. 퇴근하면 조금 편안함을 느낀다.

국립의료원에서 처방해 주는 고산병 약, 현지에서 쉽게 구할 수 있는 소로치 필(Sorojchi pills), 타이레놀 등을 고산병 예방약이라고 한다. 한두 번 복용한 경험은 있다. 순간적 고통 완화에 도움을 주는지는 모르겠다. 여행객이라면 비상시를 대비하여 차라리 소형 산소통(캔) 한 개 정도는 휴대하고 다니기를 권유하고 싶다. 과거에 여행객이 여행 도중 고산병으로 병원으로 긴급 후송된 사례가 있었다고 한다.

장고 끝에 산소발생기 설치를 결심했다. 한국 시장가격에 비하면 턱없이 비싼 장비였지만 효과가 클 것을 기대하고 구매하기로 했다. 모임에서 만난 두 의사의 충고를 존중했다. 취침 시간에 틀고 자는데 비교적 편한 수면을 취하고 있다. 코이카 사무소에서는 저지대 휴양시설 제공, 간이 산소호흡기 대여 등 몇 가지 편의 서비스를 제공한다고 한다.

고산병 문제는 현재 볼리비아와 네팔 두 나라에 국한되는 문제로 알고 있다. 고산 국가에는 자문관 선발과정에 연령제한을 둔다는 얘기를 들은 바 있다. 국가 차원에서 NIPA 본부에 연령제한보다 좀 더 효과적이고 근본적인 지원방안을 검토해 달라고 정식 건의를 했다.

¶ 고된 출퇴근길, 독특한 대중교통

출퇴근에는 평균 55분이 소요된다. 나는 지금 고도가 3,350m로 라파스에서는 비교적 낮은 지역인 칼라코토에 살고 있다. 숙소를 정하기까지는 많은 고민을 했다. 내가 라파스에 입성할 당시에는 볼리비아 전체가 물 부족으로 고통에 시달리고 있었다. 가뭄이 오래 지속되었고 나라 전체가 물 공급이 어려워 지역에 따라 하루에 한 시간 정도로 제한 급수를 하고 있었다. 코이카는 자문관 파견 자체를 일시 보류하기로 하였고 우리 나이파도 어렵게 출국을 하였다.

나는 고도에 너무 민감하여 숙소를 고도가 높은 센트로에 정할 수가 없었다. 센트로는 저수시설이 잘 되어 있어서 제한급수가 없었고 고도가 낮은 칼라코토에는 하루에 한 시간밖에 물이 공급되지 않았다. 그러한 대단한 불편함이 있는데도 불구하고 나는 숙소로 칼라코토를 선택하였다. 그러다 보니 지금은 이런 출퇴근으로 고통을 받고 있는 것이다. 고도가 낮은 곳은 집값이 비싸고 부유층이 많이 산다고 한다. 그런데 오히려 수도시설은 반대인 것 같다. 지역별 공급하는 저수 시설의 문제라고 한다.

나는 출근에 대단히 어려움을 겪고 있다. 일반 택시의 대부분이 복잡한 시내를 싫어한다. 택시를 거의 잡을 수가 없다. 정해진 택시 회사에 전화를 하면 약속 시간에 오는 경우가 거의 없다. 기다리다 지쳐버린다.

그리고 택시비는 영수증 발급이 어려워 비용 정산에 어려움을 겪는다. 시내 택시비는 거리에 따라 10볼(볼리비아노: 볼리비아의 화폐, 10볼리비아노는 약 1680원)에서 30볼 정도로 다양하다.

버스는 어떤가? 대부분의 출퇴근 버스는 15인승 승합차다. 집 앞 정류장에서는 십중팔구 만원이라 그냥 지나간다. 10분 이내에 간혹 한두 자리가 빈 버스를 만나면 운이 좋은 날이다. 대부분의 경우 나는 마지막 빈 한두 자리에 탑승하게 된다. 안쪽 승객이 내리면 내가 문을 열고 내려서 승객이 내리도록 비켜 주어야 한다. 그리고 다시 빈 자리를 차지하게 된다. 어떤 날은 두세 번 이런 행동을 반복한다. 버스는 낡고 냄새가 나는 경우가 많다. 기사는 음악을 크게 틀어 놓고 승객을 의식하지 않고 혼자 즐기면서 달린다. 스피커가 있는 뒷자리 코너에 앉으면 귀가 아프다. 창가에 앉은 젊은이들은 창문을 활짝 열어놓아 아침 찬바람이 나에게는 무척 차게 느껴진다. 열악한 출퇴근 환경으로 짜증이 날 때도 있고 스리랑카가 그리워질 때도 있다. 그러나 곧 나의 현재 위치를 알고 적응을 하기 시작한다.

라파스 시내 출퇴근 버스에는 특징이 있다. 정류장 표지판은 곳곳에 마련되어 있다. 그러나 승하차는 승객이 원하는 어느 곳이든 가능하다. "내립니다(Voy a bajar)" 하면 어디든지 친절하게 운전사는 정차를 하고, 손님이 길에서 손을 들면 어디서든지 승객을 태운다. 처음에는 이상하게 생각했는데 이보다 더 편한 시스템이 있을까 싶은 생각이 든다. 또한 승차하는 모든 사람들은 먼저 인사를 하고, 이미 타고 있는 승객들은 인사

△ 라파스 출퇴근길에 이용하는 15인승 미니버스

를 받는다. 그리고 창 쪽에 앉은 사람은 타는 사람을 위하여 접힌 의자를 세워주고(옆 줄은 간이식 의자임) 출입문을 계속해서 열고 닫고 해준다. 아름다운 모습이다.

나는 이렇게 매일 길에서 두 시간 가량을 소비한다. 라파스에는 평지와 직선 도로가 거의 없으므로 대단히 울렁거리고 좌우로 쏠리는 경험을 매일 하게 된다. 산소도 부족한데 정말 쉽지 않은 나의 일과이다.

라파스 시내의 특징에 대하여 조금 더 설명을 하는 것이 좋을 것 같다. 시내 어디를 가든지 시내 전체의 모습을 한눈에 보기가 어렵다. 비행기나 텔레페리코에서 내려다보면 넓은 시야에 들어온다. 그러나 바로 다음 블

록의 거리 모습도 예측하기 어렵다. 경사진 거리를 지나 조금만 가면 전혀 새로운 또 다른 건물과 집들이 즐비하고 길은 복잡하다. 시내는 산비탈과 계곡 언저리에 형성되어 있고 전체 모습은 큰 기슭과 계곡을 따라 울퉁불퉁하게 도시를 이루고 있다. 무계획적이고 무질서하게 도시가 개발된 것같이 보인다. 지형 특성상 최선의 도시설계이고 개발인지는 모르겠다. 정말 특이한 형태의 도시임에는 틀림없다.

트루피(Trufi)라는 교통수단도 있다. '행선지가 정해진 합승택시'라고 표현하면 맞을 것 같다. 용어의 특별한 의미가 없는 볼리비아 고유명사 정도로 생각하면 좋을 것 같다. 시내에 많지는 않지만 운이 좋으면 3볼(볼리비아노)로 출근을 할 수 있다. 대형버스도 간혹 매연을 뿜으면서 시내를 달린다. 요금은 미니버스가 2.60볼인데 이보다 조금 더 싼 1.80볼이라고 한다.

공중케이블카 형태의 지상전철 텔레페리코는 라파스의 명물이자 가장 대표적인 대중 교통수단이다. 4개 노선(녹색, 노란색, 적색, 청색)의 공중케이블카가 운행 중이고 현재 건설 중인 노선을 포함해 모두 7개 노선이 추가될 계획이라고 한다. 칼라코토에서 엘 알토(공항 지역)까지는 두 개 노선을 환승하여 약 1시간 정도 소요된다. 마주 보고 앉으며 대당 8명의 승객이 탑승 가능하다. 요금은 노선당 3볼이고 최신 시설이라 깨끗하다. '텔페'는 최고의 대중교통 수단으로 자리잡고 있다.

¶ 29세의 업무파트너와 함께

나의 업무파트너(Co-worker)는 29세의 젊은 직원이다. 그는 UMSA (Universidad Major de San Andres, 볼리비아에서 가장 좋은 국립대학이라고 함)에서 전자공학(Electronics)을 전공했고 볼리비아 3대 통신사(ENTEL, TIGO, VIVA) 중 하나인 TIGO에서 근무하다가 이곳 부처로 옮겨 왔다고 한다.

그는 상당히 많은 종류의 업무를 담당하고 있다. 국가 데이터센터 설립 프로젝트, 국가 광대역통신망 구축 프로젝트, 스마트시티 프로젝트, 국가 주요기반보호(CIP)시스템 구축 프로젝트, 부서내 업무 총괄 기획 및 예산 통제 등이다. 물론 이런 프로젝트들을 혼자 처음부터 끝까지 추진하는 것은 아니지만 검토하고 기획하는 것만 해도 대단히 어려운 일이다. 볼리비아의 정보통신/전자정부에 관한 업무는 대통령부(Ministry of President) 산하 전자정부·정보통신기술국(AGETIC: Agencia de Gobierno Electronico y Teconogias de Informacion y Comunicacio)과 필자가 근무하는 부처인 공공관리부(Ministry of Public Works) 산하 통신차관실(VMT: Vice-Ministro de Telecomunicaciones)에서 담당한다.

2017년 2월 말쯤 AGETIC을 어렵게 방문하여 업무 조사를 하였다. 방문 약속을 잡는 데 어려움이 있었다. 방문 요청부터 성사까지 거의 3개월이 걸렸고 차관 명의의 요청 공문을 발송한 뒤에야 겨우 방문이 성사되었다. 방문 가능 일자를 통보받고 방문하여 대기실에서 거의 30분을 기다린 후에 통역 겸 비서를 대동한 책임자를 만날 수 있었다. 그는 기관의 책임자로서 젊은 국장(Director General)이었다. 직원은 120명 정도라고 했다. 내가 먼저 명함을 건넸는데 그는 내가 명함을 요구하자 그제서야 여직원을 시켜 가져오게 했다. 나를 대하는 분위기에서 거만한 태도가 넘쳐 흘렀다. 기분이 좋지는 않았다. 그러나 이제는 이런 경우에 당황하거나 불쾌함을 표출하지는 않는다. 자문관으로서, 봉사자로서 갖추어야 할 내공을 쌓았다고 할까?

AGETIC에서는 종이 없는 사무실(paperless office)을 위한 행정 간소화와 업무 재설계(BPR, Business Process Reengineering) 프로젝트를 진행중이었으며, 공공기관 IT 인프라를 기획하고 전자서명(digital signature) 시스템을 개발하고 있었다. 또한 자체 데이터 센터도 있다고 했다. 나는 그들이 하는 업무가 당부처 통신차관실의 업무와 어떻게 분장이 되어 있으며 데이터 센터 및 광대역 통신망 프로젝트는 국가 차원에서 어느 부처에서 어떤 방법으로 진행해야 하는지를 알고 싶었다. 나는 국가 차원의 데이터센터 구축 프로젝트는 범국가적 차원의 추진 조직에서 진행하여야 된다고 설명을 하였다. 그래서 설립목적과 범위를 사전에 확실히 하여 기능과 역할의 중복이 없어야 된다고 설명했다. 또한 나의 경험과 지식도 공유할 수 있으며 원한다면 다른 자문관을 한국으로부터 파견도 해줄 수 있다고 했다.

통신차관실에서는 지금 6개의 프로젝트를 추진하고 있다. 나의 파트너가 맡고 있는 4개의 프로젝트 외에 Digital TV 프로젝트와 Postal system 프로젝트가 있다. 나는 데이터센터 구축 프로젝트와 광대역 통신망 프로젝트를 자문하고 있으며 나머지 2개의 프로젝트도 부분적으로 관여를 하고 있다. 처음 파견 당시에는 데이터센터 구축 프로젝트만 자문하기로 되어 있었는데 와서 사정을 보니 도저히 그렇게만 할 수는 없었다. 예산, 조직, 경험, 지식 아무것도 없이 이 많은 프로젝트를 진행해야 한다는 것이었다. 어떤 방법으로 방향을 잡고, 이 젊은 친구와 국장 그리고 차관을 어떻게 설득하고 자문하는 것이 좋을까? 처음에는 고민이 이만저만 큰 것이 아니었다.

△ 업무파트너 하비에르 고로스티아가 씨(Sr. Javier Gorostiaga)와 함께

¶ 연간 업무추진계획서 서명과 킥오프

연간 업무추진계획서(Proposal/Agreement for consulting of project development "Bolivia e-Government Cloud")를 작성하고 이에 합의하고 차관과 서명했다. 사실 그렇게까지 할 생각은 없었고 출국 전 제출한 영문 활동계획서를 공유하는 선에서 업무를 진행할 생각이었는데 와서 사정을 보니 생각이 달라졌다. 추진 프로젝트는 4개씩이나 되고 담당 파트너는 IT전문가도 아니며 혼자서 이 많은 프로젝트를 진행하고 있었다. 성공 가능성도 희박해 보이고 잘못하면 나 혼자 책임질 경우가 발생할 수도 있겠다는 생각이 들었다. 그래서 연간 업무계획서를 제안하고 합의한 후 킥오프(kick-off)하기로 한 것이다. 차관은 몇 가지 사항의 수정 보완을 요구했고 그것을 보완한 뒤 우리는 서명을 했다.

응시를 위해 제출한 응시원서(세부활동계획서), 면접용 한글활동계획서와 영문활동계획서, 면접용 영문 프레젠테이션 자료, 파견국에 미리 보낸 업무제안서와 이력서, 도착 후 재작성한 영문활동계획서와 연간 업무추진제안서 등 5단계 8종 이상의 서류를 거쳐서 비로소 정상적으로 업무가 시작되었다. 단계별로 정확하고 분명하게 접근하는 것은 대단히 중요하고 반드시 필요하다고 생각한다.

자문관들의 업무는 대부분이 중요한 국가 프로젝트이므로 실수나 오해가 있어서는 안 된다. 완벽한 의사소통이 어렵고 차후에 책임한계를 논하기 쉽지 않기 때문에 더욱 조심스럽게 접근해야만 한다. 나는 종종 경험한다. 충분히 토론과 합의를 하고 업무를 진행했는데도 나중에 결

△ 통신차관과 함께(필자, 차관, 금창근 자문관)

과에 대하여 전혀 다른 얘기를 하는 경우를. 외국 생활을 오래 한 사람의
경우는 다르겠으나 우리의 외국어 실력은 사실 많이 부족하다고 생각한
다. 더군다나 스페인어권에서는 서로 영어가 약하기 때문에 정확한 의사
소통이 쉽지 않다. 합의된 업무추진계획서에 의한 업무추진, 진행중인 업
무의 방향에 대한 주기적 상호 확인 작업, 의사소통능력 개발을 위한 노
력 등은 자문관들이 반드시 염두에 두어야 한다.

¶ 라파스 시내 나들이

△ 텔레페리코에서 본 라파스 시내 전경

텔레페리코(Teleferico)

라파스의 명물은 단연코 텔레페리코다. 텔레페리코는 다른 곳에서는 쉽게 볼 수 없는 라파스의 대중교통수단이다. 평지가 없고 도시 전체가 분지 속에서 형성된 경사진 곳이므로 다른 어떤 교통수단보다도 이 '텔

△ 라파스의 중심 프라도 거리

페'가 유용해 보인다. 텔페에서는 라파스 시내가 한눈에 들어온다. 특히 야간 텔페에서 내려다보는 라파스 시내의 휘황찬란한 불빛은 장관을 이룬다.

프라도(Prado) 거리

'프라도'는 목장, 목초지, 산책길 등의 의미가 있는데 고유명사처럼 거리 이름이 되었다고 한다. 이곳은 내가 매일 출퇴근 시 걷고 점심시간이면 어김없이 걷는 거리이다. 비교적 고도가 낮은 칼라코토(Calacoto)의 숙소에서 이곳으로 올라오면 힘든 것을 확실히 느낄 수가 있다. 여기에서 1

년 근무하다가 귀국한 한국의 조 자문관으로부터 연락이 왔다. 숨 쉬기가 힘들더라도 라파스의 프라도 거리를 거닐 때가 행복했고 그립고 다시 나오고 싶다고. 나는 대답했다. 라파스는 숨 쉬기 힘든 것 말고는 100점인데 그것 때문에 0점이라고.

이곳 점심 시간은 두 시간이다. 처음에는 현지식, 독일식, 일식, 이탈리아식, 중식 등 골라 먹는 재미로 이곳저곳을 다녔다. 지금은 어디를 가서 무엇을 먹을 것인가가 스트레스다. 가능한 한 금 자문관의 의견을 존중하려고 노력한다. 식사 후 남는 시간에는 오수를 잠깐 즐긴다. 그러면 오후가 한결 가볍다. 이럴 때 나는 내 나이를 느낀다. 프라도를 포함한

△ 무리요 광장 정면의 국회의사당, 오른쪽은 대통령 집무실

이곳 센트로는 많은 관공서, 금융기관, 상점, 대학, 식당 등이 모여 있다. 칼라코토 및 다른 지역에서 거주하는 많은 사람들이 이곳으로 대중교통을 이용하여 출퇴근하고 있다. 라파스는 한국의 부산처럼 길게 늘어진 도시 형태다.

사무실에서 멀지 않은 곳에 정치 거리인 무리요 광장(Murillo Square)이 있다. 사진에서는 보이지 않지만 오른쪽에 대통령 집무실이 있고 정면에 보이는 건물은 국회의사당이다. 이곳 주변에는 많은 정부 부처와 기관들이 모여 있다. 정부 종합 청사는 별도로 없다.

△ 산프란시스코 성당

△ 마녀시장의 한 의류매장

산프란시스코 성당 뒤쪽으로 조금 올라가면 관광객의 토산품 쇼핑 거리인 마녀시장 사가르나가(Sagarnaga)가 있다. 각종 기념품과 공예품, 가죽제품 등 상품의 종류는 다양하다. 여기에서 조금 걸어가면 로드리게스(Rodriguez)라는 거리가 나온다. 이곳은 라파스의 유명한 주말 전통시장이다. 매주 주말(금~일)이면 이 전통 재래시장이 열린다. 온갖 싱싱한 과일과 야채가 즐비하다. 나는 이곳을 종종 간다. 고기의 질은 다른 곳보다 좋고 과일과 야채는 싱싱하고 가격도 싸다. 한국의 신라면과 중국 두부, 시금치 등 정말 다양한 종류의 반찬을 살 수 있는 곳이다. 엘 알토에는 어마하게 큰 또 다른 시장이 열리고 있다. 가구를 사기 위해 한번 가

△ 로드리게스 재래시장

본 적이 있다. 사람들이 많아서 걸어 다니기가 불편할 정도로 복잡하고 넓은 시장이었다. 라파스에는 이처럼 큰 시장이 몇 개 있다.

¶ 두 차례 세미나와 값진 성공

2017년 3월 24일. 나는 대단히 기분이 좋았다. 볼리비아에 파견되어 4개월 되었을 때이다. 그동안 진행한 업무 분석결과와 문제점 그리고 그에 대한 개선방안 제시 등을 내용으로 한 세미나를 가졌다. 적어도 대강당에서 수십 명의 참석자를 대상으로 세미나를 해야 기분이 나는데 참석인원도 적고 장소도 보통 회의실이었다. 이날 회의실에서는 문제점 분석과 개선방안 제시에 대한 나의 발표와 그에 대한 질문과 토론회가 이어졌다. 세미나 제목은 간단하게 "Current Systems Analysis and Improvement Suggestion"로 하였다. 이곳의 분위기는 스리랑카와는 좀 다른 것 같다. 나는 많은 사람들이 참석하기를 기대했다. 그러나 꼭 필요한 사람들만 참석을 했다. 스리랑카 세미나의 경우 관련 부서에서 수십 명이 참석하곤 했다. 그리고 세미나 내용이 현지언론에 보도까지 되는 경험도 몇 차례 하였다. 그런데 이곳 참석자는 차관, 국장, 그리고 담당자 몇 명이 전부였다. 그러나 내용은 더 알찼다. 각기 장단점이 있는 것 같다.

볼리비아 국가차원의 정보통신기술/전자정부 환경과 수준 그리고 문제점(조직 구조, 법적 제도적 근거, 접근방법과 리더십 문제 등), 부처 차원의 프로젝트추진에 관한 문제점 지적과 개선방안 제시에 대한 토론이 주 내용이었다. 차관은 젊은 사람인데 이해력이 대단히 빨랐다. 곧 장관에게 보고하고 관련 부처(기획부, 재정부 등) 장관들과 협의하겠다고 한다. 다음 세미나 일정을 앞당기자고 하며 날짜까지 정해준다.

나는 그가 부처 수준과 범위에 맞는 세미나를 원한다고 생각했다. 지난 번 연간 업무추진계획서에 대하여 논의할 때는 '전자정부법, 데이터센터 추진 범 국가 조직' 등의 용어 자체를 싫어했었다. 대통령부 산하 전자정부·정보통신기술국(AGETIC)이 있고 그곳에서 주로 그런 업무들을 추진하므로 통신차관실에서는 이와 관련되는 용어를 싫어한다고 생각했었다. 그러나 오늘의 반응은 예상과는 많이 달랐다.

나는 서두에 분명히 이 세미나의 의의를 언급하고 시작했다. 첫째, 그 범위가 당 부처에 국한된 내용이 아니고 볼리비아 국가 차원의 정보통신기술(ICT)과 전자정부를 조명한 것이므로 수준과 범위가 기대와 다를 수 있다. 둘째, 현재 볼리비아에는 정리된 ICT관련 자료가 없으므로 전반적 현황을 정리한 보고서 자체에 큰 의미가 있다.

차관은 예상과 달리 나의 프레젠테이션에 대단히 흡족해했다. 마치 당장이라도 일사천리로 업무를 진행할 것처럼 보였다. 그렇다고 업무에 있어서 기대 이상의 진전이 있거나 속도가 붙기를 기대하지는 않는다. 말로만 하고 실제 행동으로 옮기지 않는 경우가 허다하기 때문이다. 한국의 전자정부 성공사례 발표에서 경험 있는 국가를 벤치마크(benchmark)하는 것이 위험(risk)을 줄이고 기간과 비용을 단축할 수 있다고 강조하고 세미나를 마무리했다. 물론 한국과의 MOU 체결 등 기술협력방안을 염두에 두고 한 발언이었다. 그 방법보다 좋은 마땅한 방안이 떠오르지 않았기 때문이다.

첫 번째 세미나는 성공적으로 마무리했다고 평가하고 싶다. 첫 세미나의 의미는 대단히 중요하다. 첫 세미나의 반응에서 앞으로의 업무 추진의 가능성과 희망 여부를 판가름할 수 있기 때문이다. 경험해보지 못한 사람은 이 기분을 이해하기 힘들 것이다. 그러면 어떤 경우에 기분이 좋지 않을까? "이미 알고 있는 평범한 방법 외에 뭔가 혁신적이고 실질적인 해결 방법(one time practical solution)을 알려 달라."라고 하는 사람을 보았다. 그래서 나는 분명히 서두에 이런 얘기를 하고 시작했다. "오늘 나의 프레젠테이션은 여러분들이 모르는 특별한 내용은 아니고 어쩌면 이미 다 아는 내용일 수도 있다. 그러나 이 안에는 중요한 모든 내용이 전부 들어있다." 개도국 사람들은 너무 많은 세미나, 교육, 출장 등을 통하여 듣고 본 경험이 많아 접근하기가 쉽지 않은 경우가 많다. 이론적 접근보다는 경험 위주의 접근이 반드시 필요한 이유이다.

2017년 4월 19일. 한 달 전 세미나 때 다음 세미나 일정으로 정한 날이다. 두 번째 세미나는 거의 두 시간 반 동안 진행하였다. 전자정부 정책(e-Government Policy)이라는 주제로 한 시간 반 정도 발표를 하고 1시간가량을 질문과 토론에 할애했다. 전자정부의 정의, 단계적 접근 전략, 한국전자정부의 주요 성공요인 그리고 주요 관심사인 정부통합데이터센터(GIDC: Government Integrated Data Center)와 정보인프라 구축 정책(KIIP: Korea Information Infrastructure Policy)에 많은 시간을 할애했다.

세미나는 대성공이었다. 첫 번째 세미나보다는 훨씬 진지했고 질문이 많았다. 어쩌면 당장 실질적으로 일어날 수 있는 일들에 대한 내용이 많았기 때문일 것이다. 그리고 세미나 서두에 또 다른 중요한 두 가지를 발표했다. 한 가지는 6개 프로젝트 한국 기술협력 요청에 관한 한국대사관 회의 결과에 관한 나의 설명이고 다른 한 가지는 한국인터넷진흥원(KISA: Korea Internet and Security Agency)에서 차관에게 보낸 한국 교육초청 공문 전달이었다. 우리는 대사관회의에서 6개 프로젝트에 대한 접근방법을 각각 다르게 결론지었다. 이 발표 결과에 따라 향후 업무진행 방향이 달라지므로 결과를 발표하는 회의장의 분위기는 진지할 수밖에 없었다.

교육초청장은 대사관에서 미리 받아서 내가 직접 차관에게 전달했다. 두 사람이 전액 한국 KISA 부담 조건으로 7월에 한국을 방문할 수 있는 특권이었다.

끝으로 한국에서 가져온 무거운 '한국 전자정부 best practice 20' 홍보 매뉴얼도 전달하고 세미나를 마무리했다. 자문 활동하는 동안 늘 그랬듯이 오늘도 차관에게 식사 제의를 했다. 그는 다음주에 하자고 한다. 하는 수 없이 그렇게 약속을 하고 나는 다른 교민 친구에게 전화를 했다. 적당히 취하고 싶었다. 얼마나 많이 오랫동안 준비한 자료이며 세미나였던가? 일단락 짓는 이 기분을 경험해 본 자문관만이 알 수 있으리라.

¶ 몰입해 일할 때의 행복

나는 일상적인 평범한 일을 할 때는 크게 몰두하거나 정신적인 만족을 잘 느끼지 못하는 편이다. 오로지 나에게 주어진 임무를 수행할 경우에만 몰입을 하게 되고 결과에 대단한 기대를 걸며 승부수를 띄운다. 얼마 전 일본 스님 작가 코이케 류노스케의 『행복하게 일하는 연습』을 감명 깊게 읽었다. 사람은 살아가는 동안 누구나 진지하게 몰두하고 뭔가를 성취하고자 하는 욕망이 있다고 한다. 일을 하는 것은 진지하게 몰두하고 뭔가를 성취하고 싶기 때문이다. 일의 의미는 곧 살아가기 위해서라고 말할 수 있을 것이다.

해외 근무 생활에서 무엇에 지속적으로 몰두할 거리를 찾는 것은 대단히 중요하다. 프로젝트를 진행한다면 일정기간 일거리가 많을 수가 있으나 그렇지 않을 경우에는 일거리를 만들어 나가야 한다. 업무를 대충 해서 끝내고 보고서도 대충 정리해서 제출할 때는 만족감이 없다. 상대가 원하는 내용을 정확히 파악하고 찾아서 그에 적합한 세미나를 개최하고 맞춤 교육을 한다. 그리고 보고서도 형식과 내용 면에서 정성을 들여서 작성하여 제출한다. 이 경우에 정신적인 만족감은 크고 점점 더 나 자신이 업무에 몰두하게 되는 것을 느끼게 된다. 이때가 행복한 때라고 나는 생각한다.

일은 곧 삶이다. 일에 몰두하면 스트레스에 빠지지 않는다. 일에 몰두하지 않으면 잡념이 생긴다. 일은 우리에게 살아남을 힘을 부여한다. 일한다는 것의 본래의 뜻은 몰두함으로써 마음을 정화시키고 자신을 고양시켜 나가는 것 그 자체라고 『행복하게 일하는 연습』의 저자는 말하고 있다.

나는 일을 하다가 틈이 나면 쉬는 것이 아니라 틈만 나면 일을 한다. 항상 쉬고 있고 쉴 수 있다는 생각으로 일과를 시작하고 끝내기 때문이다. 이것은 내가 터득한 현지 생활 적응 방법이다. 은퇴 후 제2, 제3의 인생을 살아가는 우리들에게 좋은 방법이 아닌가 생각한다.

¶ 전산실 직원교육

2017년 5월 11일, 장관 직속 전산실 직원 11명을 상대로 교육을 하였다. 지난번 통신차관실에서 실시한 세미나 내용을 주제로 한 것이다. 책임자인 마르코 씨는 이번에도 사전 연락이나 양해도 없이 다른 급한 회의가 있다는 이유로 참석하지 않았다. 지난번에도 교통차관과의 회의 약속을 지키지 않았다. 참석 여부에 대하여 사전에 두 번씩 다짐을 받았는데도 이번에도 역시 약속을 지키지 않았다. 그는 약속을 지키지 않으니 절대로 믿지 말라던 나의 업무파트너의 조언이 생각났다.

이곳 사람들은 약속을 안 지키는 것이 거의 생활화되어 있는 것 같다. 대체 뭐가 그렇게도 급하고 중요한 일이 많은지 이해를 할 수가 없다. 마르코는 착하고 열심히 일하는 친구다. 나에게는 너무 잘해 준다. 그런데 약속에 있어서는 다르다. 그는 장관 직속으로 거의 장관실에서 머무는 것 같다. 과거 한국에도 코리아 타임이라는 것이 있었다. 나는 그 나라의 문화를 이해한다.

그를 제외한 전원이 참석하여 교육장 분위기는 괜찮았다. 그 중에 두 명이 영어를 이해해서 그런대로 통역을 했고 나도 부분적으로 스페인어를 사용하였다. 직원들은 현재 볼리비아의 정보통신기술/전자정부의 문제점이나 향후 개선방안에 대하여 대단히 관심 있게 나의 강의를 들었다. 한 시간 이상의 강의와 30분 정도의 질문과 토론의 시간을 가졌다.

그들은 앞으로도 한국의 전자정부 발전 현황 등에 대하여 지속적인 강의를 부탁하였고 한국으로의 IT교육기회 등에 대해서도 관심을 보였다. 나는 차관실 소속이고 전산실은 장관 직속이므로 내 마음이 내키지 않으면 교육을 안 하겠다고 농담을 했더니 그들은 식사든 술이든 내가 원하면 뭐든지 모두 대접을 하겠다고까지 했다. 전산실의 젊은 친구들은 모든 분야에 관심을 보였고 차관실 직원들보다 질문과 대화의 내용면에서 훨씬 구체적이고 IT맨다운 면모를 보였다. 나는 "여기가 내가 근무할 자리인 것 같다"라고 농담을 했다.

나는 요즘 한 가지 원칙을 세웠다. 모든 대화에서 일단 내가 할 수 있는 한 스페인어를 많이 사용하겠다는 것이다. 영어와 스페인어를 혼용하는데 그때마다 스페인어 사용을 늘려간다는 원칙이다. 즉 우선 스페인어로 시작을 해서 막히는 부분만을 영어로 하는 것이다. 사실 영어와 스페인어가 짬뽕이 되어 어떤 때는 나 자신도 헷갈릴 때가 있다.

△ 전산실(UDTI) 1차 직원교육 후

1. 전산실 2차 직원교육 후 호프집에서
2. PRONTIS팀 교육장에서

¶ 6개 프로젝트와 대사관 회의

2017년 4월 12일, 한국대사관 회의가 있었다. 지난번 볼리비아 외교부에서 가졌던 1차 회의에서 볼리비아측 공식 문서를 받기 전에 먼저 한국대사관에서 자문관과 사전 회의를 갖는 것이 좋겠다고 하여 사전 회의를 한 것이다. 참사관과 코이카 부소장이 참석하였고 우리 자문관 2명은 볼리비아 공공관리부의 현재 업무 진행 현황을 설명했다. 결론적으로 내가 예상했던 대로 코이카에서 해야 할 특별한 역할은 없었다. 회의에서 참사관은 업무 내용은 잘 몰랐으나 상대방의 의견을 듣고 존중해가며 결론을 잘 도출해 나갔다. 대사관의 업무처리 요령과 방식에 나는 흡족했다.

결론을 정리하면 다음과 같다. 스마트시티 프로젝트는 현재 한국 국토교통부 및 LH공사와 볼리비아가 이미 프로젝트를 진행 중이므로 이번 요청 대상에서 제외한다. 주요기반시설보호(CIP: Critical Infrastructure Protection) 프로젝트 또한 미래창조과학부 산하 한국인터넷진흥원(KISA)과 현재 진행중이므로 제외한다. 디지털 TV 프로젝트는 제외한다(며칠 후 안 얘기지만 이미 일본과 MOU를 논의 중이라고 했다. 소위 말해 양다리 작전을 벌이고 있었던 것이다). 우정시스템은 MOU 요청 문서를 외무부를 통하여 한국대사관으로 보낸다. 데이터센터 구축과 광대역통신망 프로젝트는 공공관리부에서 직접 대사관으로 협조요청 문서를 보낸다. 우정시스템은 금 자문관 업무이며 데이터센터 구축과 광대역통신망 프로젝트는 나의 업무이다.

대사관에서 한국정보화진흥원(NIA)과 전문업체(삼성, LG, SK)에 동시에 협조를 구하는 서한을 보내는 것이 좋겠다고 제의했고 그렇게 하기로 합

의했다. MOU는 약간의 구속력은 있을 수 있으나 내용과 진도 면에서 직접 협조 요청하는 경우와 다소 다를 수 있을 것이다. 이렇게 각 프로젝트의 추진방향을 일단락 짓고 나니 가슴이 후련했다. 방향 자체를 설정하지 못한 채 방황할 때는 정말 앞이 깜깜했었다. 이제 남은 것은 한국으로부터의 회신이다. 그 이후의 문제는 나중에 생각하기로 했다.

　프로젝트 추진 방향에 대하여 어느 정도 논의한 후 참사관은 한국인터넷진흥원에서 볼리비아 통신차관에게 보내는 한국교육 초청 공문이 있다고 했다. 그래서 나는 과거의 경험을 살려 그 공문을 달라고 요청했다. 이런 종류의 문서를 자문관이 직접 현지 기관에 전달하는 것이 자문관들이 일하는 데 모양도 좋고 업무 추진에도 활력이 될 수 있다고 하면서 요청

했다. 물론 문서의 원본은 차후에 채널을 통해서 공식적으로 전달될 것이다. 세미나 하는 날 나는 그 문서를 차관에게 전달하면서 생색(?)을 냈다.

¶ 우리의 행정 문화

NIPA 출장팀이 다녀갔다. 데이터센터 구축 프로젝트 본 사업 수주를 위한 사전 조사를 위해서다. 3명의 담당자가 일주일간 방문했다. 다른 프로젝트들은 전혀 진척이 없는데 이 프로젝트는 이미 NIPA에서 관심을 두고 있던 터라 결과는 좀더 두고 봐야 알겠지만 일단 시작은 좋다. 출장의 주요 목적은 볼리비아 ICT/데이터센터 현황 자료분석과 기획재정부에 제출할 차관 신청용 자료 준비였다.

△ 한국 출장팀과의 회의

컨설팅 회사 프로젝트 매니저 1명, 네트워크 담당직원 1명, 사업개발 컨설턴트 한국계 미국인 1명, 모두 3명이었다. 나름대로 분야별 전문가들이었다. 며칠 내내 볼리비아 관계 부처 예산 현황과 진행 중인 프로젝트 현황 그리고 국제 차관업무 흐름도에 관하여 회의와 열띤 토론을 반복했다. 나는 이번 기회에 차관업무의 흐름에 대해 좀 더 이해할 수 있었다. 남미지역은 주로 미주개발은행(IDB: Inter-American Development Bank)을 통한 펀딩이 많이 이루어진다고 한다.

IDB는 중남미 지역 경제개발을 촉진하기 위해 1959년 설립된 국제금융기구이며 한국정부는 IDB에 신탁기금과 대외경제협력기금(EDCF)으로 출연하고 있고 2005년 IDB에 가입했다. 오는 9월 부산에서 개최되는 한국 기재부와 IDB 공동주관 중남미 장관초청 광통신망 포럼(Ministerial Forum for Broadband Development in LAC)에 볼리비아 장·차관의 한국 초청 이후에는 본 프로젝트 진행에 대한 그림이 보이지 않을까 생각이 된다. (그러나 이번에도 장관은 초청에 불응했으며 차관과 직원의 한국 출장도 승인하지 않았다.) 보통의 경우 이러한 프로젝트는 시작에서 완료까지 4~5년 이상이 걸린다고 한다. 어찌됐건 업무가 진행되고 있다는 것은 대단히 다행스런 일이다. 업무 진행이 잘 안되면 나는 운신의 폭이 제한될 것이며 중도귀국을 하게 될지도 모를 일이다.

한국의 ICT수준이나 이를 활용한 전자정부 시스템 활용도는 세계 정상 수준임에는 틀림이 없다. 그러나 이런 시스템을 관리하는 한국의 조직 행정절차에는 아직도 문제점이 있음을 발견하게 된다. 그동안 여러 가지 경험을 하였으나 한 가지 예를 들기로 한다. 내가 자문하고 있는 데이터센터 구축프로젝트의 한국 기술협력 요청 절차에 관한 문제이다. 부임 초기에 한국측의 타당성조사나 기술지원 방법에 대한 문의를 한국 관련기관에 하고 싶었다(현재는 NIPA에 자문관 업무지원 상담창구가 운영 중에 있어 편리한 점이 많다.).

연초에 한국정보화진흥원(NIA: National Information Society Agency) 전자업무 국제협력팀에 상기 절차에 관한 질문을 정중하게 두 번 했다. 혹시나 해서 담당자 2명에게 이메일을 일정 간격을 두고 반복해서 보냈다. 모두가 읽음으로 표시가 되었는데 두 번 모두 아무런 답변이 없었다. 질의의 내용은 기술협력 공식요청 문서발송 절차에 관한 건이었다. 즉 누구

명의로 어떤 경로를 통해서 보내는 것이 절차상 효율적인가 하는 것이었다. 연초 한국 정부기관의 장이 바뀌면서 인사이동과 행정공백 등이 있을 것을 감안하여 나는 적당한 때를 봐서 다시 타 부서 책임자에게 이메일을 보냈다. 답이 왔다. 정말로 반가웠다. 알아보고 며칠 내로 답변을 주겠다고 했다. 그러나 기다려도 끝내 더 이상의 답은 오지 않았다. 사실 상식적으로 어떻게 처리하는지에 대해서는 이미 대충 알고 있었다. 좀 더 확실한 방법을 알고 싶었던 나의 기대를 포기하고 2017년 5월 8일 주 볼리비아 한국대사관에 기술협조요청 문서 두 건을 접수시켰다. 대사관에서는 나에게 어디로 보내면 좋겠냐고 물었다. 나는 삼성SDS나 LG-CNS로 보냈으면 좋겠지만 NIA가 담당기관 같은데 행정자치부로 보내는 것이 맞지 않겠느냐고 답했다.

그리고 얼마 후 나는 미래창조과학부 미주 아시아 협력담당관으로부터 이메일을 받았다. "미래부 산하에는 클라우드 컴퓨팅 관련 기술 및 재정 지원 사업이 없고, 중남미를 포함 개도국 브로드밴드 기술지원, 전문가 지원 등의 사업도 없습니다."라는 내용이었다. 나는 그럴 리가 없다는 생각이 들었지만 NIA로 갈 문서가 잘못 전달되었나 했다. 그래서 볼리비아 한국 대사관에 전화해 확인했다. 대사관에서는 양쪽 부처(당시 미래부, 행자부)로 모두 보냈다고 했다. 내심 두 곳으로 보냈으니 확실하겠구나 생각하면서 미래부에는 (굳이 담당조직이 없다고 하니) NIA로 문서가 갔으니 걱정할 필요가 없다는 답변메일을 보냈다.

그리고 한참 후 NIPA에서 데이터센터 사전 타당성조사를 언급하며 출장팀이 왔다. NIPA는 한국대사관에서 NIA에 공식문서를 보내기 전인 4월경부터 이미 프로젝트를 검토 중이었다면서 출장자를 보낸 것이다. 그렇다면 미래부에서 사업관련 조직이 없다고 한 것은 무슨 말인가?

그러나 끝내 NIA에서는 한 통의 답변이나 문의조차도 없었다. NIA 조직도에는 직원들의 이메일 주소가 없다. NIA직원 이메일 주소를 알아내기는 대단히 어렵다. 그럴 만한 이유가 있겠지만 쉽게 이해가 되지 않는 부분이다.

정부기관과는 이와 비슷한 경험이 과거에도 더러 있었다. 국내기관의 대 해외업무 분장상 어려운 부분이 있는 점을 안다. 그러나 분명 업무분장의 문제만은 아니다.

열악한 개도국에서 한국 정부기관의 지원과 협조를 기다리고 있는데 감감무소식일 때 앞이 깜깜함을 느낄 때가 많다. 자문관들은 근로계약은 했으나 독립된 신분으로 소속 없이 해외에서 일정기간만 근무를 한다. 지원을 받는 입장에서 보면 사각지대에 놓여 있는지 모른다. 우리들의 역할이 국제적으로 얼마나 중요한가?

지시에 의하여 직접 평가를 받고 동기부여가 있을 경우에만 대응을 한다면 이는 자아실현의 욕구가 부족한 의식구조가 아닐까! 행정업무 처리과정에서 나타나는 행정직원들의 프로의식 결핍이 아니라면 좋을 텐데. 행정 문화(Administrative Culture) 면에서는 한국이 여타 개발도상국에 비해서 개선이 필요한 영역이 아닌가 생각해 본다.

¶ 봉사자의 품위와 자존심

차관으로부터 1년 근무연장 공식요청 서한을 받았다. 2017년 8월 18일 NIPA로부터 근무연장에 관한 안내 이메일을 받고 연장요청 신청서를 부탁한 후 거의 한 달 만이다. NIPA 안내 이메일을 받고 바로 요청서를 나의 업무파트너에게 얘기했다. 물론 그 이전부터 나는 이미 계약연장을 내심 결심했고 맡은 프로젝트가 순조롭게 진행이 되므로 기관에서도 당연히 그렇게 진행해 줄 것으로 믿고 있었다.

1년 근무 후 귀국을 한다면 여러 면에서 불리한 것이 많다는 판단도 했다. 업무적으로 보면, 프로젝트가 현재 NIPA와 기술협력 절차가 진행 중이다. 개인적으로 보면, 귀국을 했다가 다시 다른 나라로 나간다는 것이 여간 불편하지 않기 때문이다. 응시, 면접, 교육, 출국, 적응 등 시간과 비용 면에서 유리한 것이 아무것도 없다.

현지기관에서는 처음 얘기를 꺼내고 한참이 지나도 연장 여부에 대한 아무런 반응이 없었다. 궁금하여 진행 여부를 물어보았더니 담당국장과 나의 파트너는 그동안의 실적에 대하여 꼬치꼬치 따지면서 묻기 시작했다. 심지어 기대성과(expected outcome)에 있는 내용 중, 원가는 얼마나 절감이 되었으며 직원 능력개발은 얼마나 되었는지도 설명을 요구했다.

기분을 상하게 한 것은 그것만이 아니고 대단히 경직된 분위기에서 심문하는 듯한 분위기 연출이었다. 여태까지 많은 자문관들의 연장 과정을 지켜보았지만 이런 경우는 처음이다. 나는 화가 났다. 봉사하러 왔건만 이처럼 모욕적인 면접시험도 없으리라는 생각이 들었다.

그동안 이들이 나를 대하는 태도나 배려는 수준 이하였다. 식사는 고사하고 차 한 잔도 대접받은 적 없었다. 자료 요청은 한 귀로 듣고 흘려버리고 사무실 자리 배치를 건의했으나 들은 척도 하지 않았다. 순간적으로 이런 생각들이 머리를 스쳤고 또한 태도가 너무 건방져서 나는 목소리를 높일 수밖에 없었다. 원가절감과 능력개발은 업무를 진행하는 곳곳에서 일어나고 있으며 장기적으로 마지막에 짚어보아야 할 부분인데 지금 그것을 어떻게 산출하느냐, 당신들이 직접 해 보라며 화를 냈다.

그들은 다시 2017년도 실적과 2018년도 계획을 만들어 달라고 한다. 며칠을 고민하다가 실적과 계획을 만들어 차관, 국장, 담당자에게 이메일을 보냈다. 그리고 며칠 후 나에게 설명을 요구했다. 설명을 했더니 그들은 또 다른 요구를 했다. 당초 약속한 업무 외에 볼리비아 국가 클라우드 컴퓨팅 발전계획(Cloud Computing Plan)을 개발해 달라는 것이다. 이 업무를 제대로 하려면 너무 방대하겠다는 생각이 들었다. 그러나 할 수는 있겠다는 판단이 들어서 해 주겠다고 약속을 했다.

과연 이런 자들과 연장을 해서 근무할 수가 있을까 싶었다. 본의 아니게 비교하지 않을 수가 없었다. 옆 자리에서 근무하는 김 자문관이 담당하고 있는 우정시스템(postal system)은 노조문제 등으로 오히려 큰 진전을 못 보고 있었으나 이러한 과정을 거치지 않고 쉽게 연장요청 해결이 되었다. 그의 업무파트너와 담당국장은 정말 사람들이 그렇게 좋을 수가 없었다. 내가 맡은 프로젝트는 가장 이상적인 방향으로 한국 NIPA와 진행이 되어가고 있는데도 불구하고 이러했다. 연장근무 요청서를 받아내는 과정은 험난했다. 자문관의 봉사 범위는 어디까지이며 자존심은 어느 선까지 지켜야 하는 것인가? 지금 1~2년이 어쩌면 내가 일할 수 있는 마지막 기회일 것이다. 이후에는 더 이상 일을 하지 않을 작정이다. 이런 생각을 하며 나의 자존심과 향후 삶의 방향에 대하여 고민해 본다. 그리고 연장요청서를 작성하여 NIPA에 발송한다.

우리 자문관들이 저자세로 구걸하면서까지 봉사할 필요는 없지 않을까? 기본자세를 갖추지 못한 사람들에게는 겸손하게 도움을 요청하는 자세 교육부터 자문을 해야 되지 않을까? 귀국 후 진로의 어려운 점들을 생각한 나머지 자칫 비겁하거나 저자세의 연장요청을 하고는 있지는 않는지 생각해 본다. 나의 자세, 자문관들의 품위가 곧 대한민국의 품위이자 위상일 것이다. 난 마지막 대화에서 "당신들은 나의 도움이 필요해, 안 필요해? 나의 자문이 도움이 돼, 안 돼?"라고 강하게 다그쳤고, "그렇다면 너무 많은 것을 요구하지 말고 내가 하는 대로 가만히 따르라"고 충고했다.

연장계약차 한국을 다녀온 후 거의 3주가 지났을 무렵이다. 젊은 내 업무파트너는 또 나를 힘들게 한다. 국장과 함께 업무 진척 현황을 확인해야 된다면서 지난번 내가 만든 연간 업무계획서를 달라고 한다. 이번에도 역시 요구하는 표정과 태도가 공손하기는커녕 명령에 가까웠다. 젊고 욕심이 많고 야망이 있는 친구이다. 볼리비아식 업무 진행 방법에 따라야 한다는 얘기였다. 나는 일단 계획서를 주고 나서 무엇이 잘못 되어 가고 있는지 한참을 차근차근 교육했다. "계획서는 내가 만든 것이고 당신들이 나의 업무를 관리 감독할 필요는 없다. 모든 것을 믿고 나에게 맡겨라. 프로젝트 추진에 관해서는 나의 방식대로 따라오면 좋은 결과가 반드시 있을 것이다. 그렇지 않으면 난 더 이상 당신들과 일을 할 수가 없다." 그렇게 교육 반 설득 반으로 겨우 어느 정도 이해를 시켰다. 또한 주기적으로 업무 진행 현황을 설명해 줄 것이며 약속한 분기별 세미나도 진행해 주겠다고 약속했다. 이 친구는 나를 완전히 자기 스타일에 맞춰 관리를 하려고 든다. 아마 조직관리 경험이 부족한 사람이라면 꼼짝 없이 그에게 끌려다니기 십상일 것이다. 이곳 관공서 근무 직원들은 한국, 일본, 중국, 스페인 등 세계 각국으로부터 원조를 받는 문화에 지극히 익숙해져 있다.

무엇보다도 남미 사람들에게는 유럽인의 문화적 피가 흐르고 아시아인들을 얕잡아보는 경향이 곳곳에서 감지되고 있다. 남은 기간을 어떻게 보낼지 마음이 편치 않다. 마음을 나누며 따뜻한 위로의 말 한마디라도 해 줄 사람이 주위에 있으면 좋을 텐데.

¶ **우수 활동보고서**

본부 상황실 황수하 씨로부터 연락이 왔다. 내 보고서가 우수 분기보고서로 채택이 되었는데 동의한다면 자문관 파견사업 샘플 보고서로 인터넷에 올리겠다는 것이다. 기분 좋은 일이다. 세계 각국에 파견되어 활동 중인 많은 자문관이 모두가 보고서 작성에는 둘째 가라면 서러워할 정도의 실력가들인데 기분 좋은 일이 아닐 수 없다. 사실 이전 분기에는 업무가 아직 정상 궤도에 오르지 않아서 보고서를 쓸 거리가 그리 충분하지는 않았다. 다음 분기에는 업무도 제법 진도가 나아가서 보고서다운 보고서를 써보겠다고 벼르던 차였다. 황수하 씨에게 올려 주면 영광이라고 답했다. 마음속으로는 그 다음 분기의 더 좋은 보고서 작성을 확신했다.

그 다음달에는 정효리 씨로부터 2017년 자문단원 활동수기를 작성해 달라는 요청을 받았다. 아마 전 단원에게 보낸 것 같다. 마감 며칠 전에 원고를 정리하여 보냈다. 그로부터 며칠 후 또 정효리 씨로부터 전화가 왔다. 활동수기를 재미있게 잘 읽어 보았다며 내용이 좋다고 칭찬을 아끼지 않았다. 그리고 2018년 1월, 자문단원들의 수기를 묶은 책이 『찬란한 나의 두 번째 인생(Bravo my life)』으로 출간되었다며 축하 전화를 해 주었다.

본부 류지연 씨로부터 청탁받은 자문관 활동 홍보자료 제작 관련 원고는 준비를 다 했는데 외주 홍보회사 담당자의 전화를 기다리던 중 홍보사 담당자 교체로 착오가 생겨 그만 기회를 놓쳐 버렸다. 홍보 책임자는 이메일로 거듭 사과하더니 마침내 전화를 걸어 재차 사과를 했다.

또 얼마 전에는 본부 이혜정, 이화연 두 선임으로부터 연락이 왔다. 나의 연간 활동보고서를 NIPA 웹사이트에 게시하여 관심 있는 타 자문관들께 도움을 주고자 하는데 동의를 구하는 것이었다. 굳이 마다할 이유가 없어서 게시에 동의해 주었다.

¶ 해외 파견 자문관이 일하는 법

자문관들을 종종 만나 상호 정보교환을 하는데 업무에 관한 얘기, 업무와 관련된 사람들 얘기, 그리고 개인 생활에 관한 얘기가 대부분이다. 그 중에서 최대의 관심사는 단연코 근무 연장에 관한 얘기다. 특별한 이유가 없는 한 자문관들은 연장 근무를 원할 것이다. 그런데 얘기를 나누던 중 나는 하나의 사실을 발견하였다. 많은 자문관들이 업무보다는 인간관계에서 오는 스트레스를 힘들어 한다는 사실이다. 그리고 그로 인해 근무 연장에 어려움을 겪는 경우를 많이 보았다.

자문관들은 비록 근무 국가와 부처가 다르기는 해도 근무조건과 여건에 있어서는 상당부분 유사할 것이다. 그동안의 경험들에 비추어 자문관들이 비중을 두어야 할 근무 자세와 방법에 대하여 생각해 보았다. 자문관들과 정부 파견 해외봉사를 계획하는 이들에게 참고가 되었으면 좋겠다.

하나, 업무파트너(Co-worker)와 본부직원과의 관계를 돈독히 하자.

양쪽 접점은 우리 자문관 업무의 시작점이다. 파견 요청 시에 정해진 양쪽 파트너는 바뀌지 않는 한 나에게는 가장 중요한 사람이다. 이들을 통해서 모든 것이 모니터링되고 보고되어 우리가 평가되고 근무 연장도 되는 것이다. 마음에 들지 않거나 업무 처리가 미숙하다고 말을 함부로 하거나 불평 불만을 하면 우리에게 상황이 유리할 것은 아무것도 없다. 업무파트너 없이 혼자 일하는 사람도 보았다. 처음에는 있었는데 도중에 없어졌다는 것이다.

둘, 첫 미션에 충실하자.

파견요청 시에 명시한 파견 목적과 사명 그리고 우리가 제출한 업무계획서를 기억하며 업무를 진행하여야 할 것이다. 본래의 목적대로 업무 진행이 잘 안 되거나 변경을 요하는 경우 반드시 기관 책임자와 상의하고 이를 문서화하여 상호 서명한 후 진행하는 것이 좋다. 본부에 보고하는 것은 당연하다. 계약 내용에 없는 업무를 계속하다가 귀국하는 경우를 보았다.

셋, 업무 주도는 내가 한다.

현지 기관에서 구체적이고 적극적으로 지침을 주는 경우는 많지 않다. 배치 후 몇 개월이 지나도 아무런 관심도 없는 것처럼 가만히 내버려 둔다. 모든 계획과 범위, 방법은 내가 주도를 하고 그들을 반복해서 교육하고 이끌고 가야 한다. 그래도 업무의 생산성은 낮고 진도는 더디다. 모든 주도는 내가 하고 책임도 내가 진다는 자세로 임하여야 할 것이다. 우리가 전문가이기 때문이 아니라 현지인들의 속성을 이해하고 진행하자는 뜻이다. 그렇지 않으면 심지어 자기 고유의 일까지도 나에게 부탁하는 경우가 종종 있다.

넷, 무엇이든지 하고 누구든지 만나자.

주어진 사명을 잊지 않고 충실히 수행하는 것이 중요하나, 그것만 하기보다는 무엇이든지 그들이 원하는 것이든 원하지 않는 것이든, 할 수 있으면 해주는 것이 좋다. 부서별로 그들이 원하는 것이 다를 수 있고, 그들에게는 나에게 주어진 사명보다 더 중요한 일이 있을 수 있다. 그리고 경비에서 장관까지 우리는 누구든 만나 얘기할 수 있어야 하고 친해져야 한다.

다섯, 욕심은 금물이다.

업무의 생산성은 낮고 효율성도 많이 떨어진다. 나의 기준으로 업무계획을 세우고 추진하다 보면 점점 회의에 빠지게 되고 마침내 포기 단계에 이를 수도 있다. 그들과 함께 일을 하다 보면 목표의식도 부족하고 욕심도 없다. 목표 날짜를 정하고 추진해서 된 적이 한번도 없었다. 절반 정도의 의욕과 두 배 정도의 기간으로 접근을 하면 될 것이다.

여섯, EQ가 중요하다. 화를 내지 말자.

우리는 EQ를 Emotional Quotient 즉 감성 지수로 해석한다. 나는 이것을 감정이입(感情移入)으로 받아들이고자 한다. 나의 감정이 상대방의 감정 속으로 들어갈 때 비로소 상대의 마음상태를 이해할 수 있다고 본다. 처음에는 현지인들의 일하는 방법과 속도를 이해 못하여 화를 낸 적도 있었다. 그들의 마음 상태를 이해하고 적용하는 데 꽤 시일이 걸렸다. 그러나 이 사람들은 화를 내는 사람들을 이해 못하는 것 같았다.

일곱, 확인 또 확인하자.

한두 번의 확인으로 어떤 일을 마무리하려고 하면 오산이다. 서너 번씩 해도 안 되는 경우를 많이 경험했다. 대충 듣고 답하거나, 창피한 생각에 그냥 그렇다고 하거나, 끝에 가서 변명을 하거나 등 상대방은 어떤 이유나 핑계를 대고 나는 원하는 바를 제때 하지 못하는 경우가 거의 대부분이었다.

여덟, 자문관으로서 품위를 유지하며 한국 근무 강도의 절반은 보여주자.

생활 자세, 근무 태도, 말과 행동 모든 면에서 모범을 보이며 자문역할을 하여야 된다는 것을 나는 안다. 우리에게는 소위 품위유지의 의무가 있다. 우리가 마냥 그들과 같은 페이스로 장단을 맞추며 업무에 임하면 안 될 것이다. 우리는 업무 외적으로도 그들에게 모범을 보여주어야 한다. 적어도 한국 현직에서 근무하던 강도의 절반 이상은 보여주고 그에 상응하는 성과도 있어야 할 것이다. 아무런 진도나 성과도 없이 마냥 시간만 보내거나 자존심을 버려 가면서 현지 기관에 저자세로 계약 연장을 하려고 해서는 안 된다.

아홉, 파견 기관(NIPA/KOICA)에 감사하며 웃으면서 일하자.

나는 현재의 내 모습이 인생에서 가장 멋있다고 생각하고 싶다. NIPA에 감사하는 마음으로 즐겁게 일하려고 노력한다. 외롭고 정신적으로 힘들 때도 많다. 업무에서 오는 보람과 주위의 인정으로 인생을 살아왔다고 해도 과언이 아니다. 지금보다 더 중요하고 보람 있는 일자리를 찾을 기회가 있을까?

해외 생활에서 정답은 없다. 정해진 기간 동안 건강하게 소기의 목적을 달성하는 것이 정답이다. '강한 자가 살아남는 것이 아니라 살아남는 자가 강하다'라는 문구가 생각난다.

¶ 1년 만의 한국 휴가

군대 말년에 하루하루 날짜를 체크하면서 제대 날짜를 기다리던 것과 무엇이 다른가. 어렵게 양국 기관과 연장 문제를 1단계 마무리하고 신체 검사와 본 계약을 위한 한국 휴가를 다녀왔다. 이번 1년은 무척 길게 느껴졌다. 지구 상 한국에서 가장 먼 곳에 위치하여 심리적으로 멀게 느껴졌던 점도 있었을 것이다. 실제로 1년간 고국을 떠나 있었던 적이 처음인 듯싶다. 스리랑카에서는 6개월 간격으로 휴가나 출장을 다녔고 또한 지리적으로도 가까운 곳에 위치하여 느낌이 이곳 남미와는 달랐던 것 같다.

국가가 어디든 내가 살고 있으면 내 집이나 진정한 안락한 내 집은 없어져 버린다는 생각이 든다. 역마살 인생을 살고 있는 나의 현재 모습이다. 그러나 귀소본능은 그야말로 본능이다. 32~33시간의 비행은 정말 지루하다. 이코노미 증후군이 뭔지 확실히 알 수 있을 것 같다. 서울에 도착하여 며칠을 밤낮 구분 없이 잠만 잤는데 이곳 라파스에 돌아와서도 적응하는 데 또 며칠이 걸렸다. 회복과 적응에 이렇게 힘이 드는 것은 아마도 심한 고도차와 밤낮이 바뀐 13시간 시차 두 가지 때문이 아닌가 싶다. 다행히도 이번 볼리비아 귀국 시에는 여행사에 부탁을 하여 다리를 편히 뻗을 수 있는 앞 자리를 배정받았다. 정말 다행이었고 여행사의 배려가 고마웠다. 감사의 인사를 이메일로 전했다.

이번에도 역시 건강식품과 반찬 위주로 가방을 꾸렸다. 집사람이 정성을 다해 여러 가지 밑반찬을 만들어 주었다. 어렵게 인천과 워싱턴 검색대를 두 번이나 통과하여 탈없이 라파스에 도착했으나 라파스 공항 검색대에서 그 아까운 반찬을 뺏기고 말았다. 공항 직원과 한참 실랑이를 벌이다가 집사람이 가장 맛있을 것이라고 말한 멸치조림 밑반찬을 모두 압수당했다. 통사정하여 나머지 중 일부를 겨우 가지고 나올 수 있었다. 그나마 다행이라고 생각하려고 했으나 쉽게 잊히지 않았다. 농산물이나 반찬 등에 관한 물품 반입기준을 정확히 알지 못했고 또한 스페인어 의사소통이 원활하지 않아 어찌할 도리가 없었다. 동시에 검색을 당한 금 자문관은 미국에서 검사한 근거 서류가 가방 안에 들어 있어서 무사히 빠져나올 수가 있었다고 하는데 그 내용을 정확히 알 수는 없었다. 아마 그날 공항 검색대에서 나 한 사람이 희생양이 되는 것으로 끝나지 않았나 싶다.

가방 간 무게 조정과정에서 깜박하여 값비싼 화장품을 수하물 가방으로 옮겨서 인천공항 검색대에서 걸렸고, 융통성과 운을 기대하고 준비했던 음식물을 라파스 공항 검색대에서 또 뺏겼다. 그러나 무사히 장거리 여행을 마치고 돌아온 것에 감사하고 모두 잊어버리기로 했다.

첫 출근하여 차관을 비롯한 간부들과 주위 동료들에게 휴가 선물을 나눠 주고 부서 직원간 선물교환 행사에 참석했다. 부서 내 전 직원들이 각자가 서로 선물을 준비하여 교환하는 연중행사라고 한다. 우리 두 사람은 한국에서 가져온 과자와 초콜릿 등을 나누어 주고 함께 분위기에 동승했다. 3주 휴가는 너무 짧았고 친구들과 친척들을 만나지 못한 점이 대단히 아쉬웠다. 연장 계약을 위한 신체검사와 개인적 병원검진에 많은 일정을 소비했기 때문이다. 내 인생에서 이런 휴가가 얼마나 또 있을까 하고 생각해 본다.

¶ 내가 만난 볼리비아와 스리랑카

특별한 의미가 있는 것은 아니지만 남미와 서남아시아의 근무환경을 비교해 보았다. 지금의 볼리비아와 내가 근무했던 스리랑카가 국민소득 수준이 거의 비슷한데 너무나 근무환경이 다르고 문화가 달라서 느낀 부분을 비교해 보고 싶은 호기심이 생겼다. 남미권과 아시아권을 놓고 저울질하는 지원자에게 조금이나마 도움이 되리라 믿는다.

구 분	볼리비아(라파스)	스리랑카(콜롬보)	비 고
담당업무	NIPA → 클라우드 기반 국가 데이터센터 프로젝트 자문	KOICA → 공공행정내무부 ICT 성능개선 프로젝트 자문	
1인당 GDP	$3,276/인구 약 1,100만	$3,870/인구 약 2,200만	2016 IMF
국민성	-개인적이고 냉정한 편이다. -외국인에게 무관심하며 배려심이 없다. -놀기를 좋아하고 자유롭고 개방적이다. -상하관계가 자유롭고 사생활을 존중한다. -약속을 안 지키며 핑계를 댄다. -가톨릭 90%	-정이 있고 인간적인 편이다. -외국인에게 관심과 배려심이 많다. -온순하며 보수적이다. -상하간 예의가 바르다. -약속을 안 지키며 핑계를 댄다. -불교 70%	
생활 여건	-연평균 기온은 10~12도, 고도3,650m의 내륙국 -공기가 맑고 모기, 파리 등의 해충이 없음 -주거 생활비는 저렴한 편 -출퇴근 복장 자유, 점심시간 2시간 -치안은 좋은 편(여행 유의)	-연평균 28도로 고온 다습한 섬 -생활비는 저렴하나 주거비가 계속 상승세 -정장차림을 선호 -아름다운 해변 다수 보유 -치안은 좋은 편(여행 유의)	

식생활	– 육식(닭고기, 돼지고기, 소고기)을 많이 하며, 송어 외에는 생선이 귀함 – 음주 가무를 밤 늦은 시각에 시작하여 익일 새벽까지 즐김 – 우리 입맛에 맞는 중국 식당이 없음 – 한국식당(3) 슈퍼마켓(3)이 있음	– 닭고기 커리 외에는 채식 위주 – 해산물요리는 있으나 생선회는 없음 – 커리 라이스가 주식, 하루 2회 티 타임에 홍차를 즐겨 마심 – 음주문화 적음 – 우리 입맛에 맞는 중국 식당이 많음 – 한국 식당(4) 슈퍼마켓(1)이 있음
근무 환경	– 사무공간은 직원과 함께 사용 – 출퇴근은 버스나 택시 이용 – 업무는 주로 담당자와 함께 함 (영어 가능자임)	– 전화, 팩스, 식수가 비치된 개인 사무공간에서 근무 – 업무는 주로 차관보, 장관과 함께 함 – 개인차량과 기사를 3년간 제공받음
기타	– 공식적 업무에서는 영어를 쓰나 스페인어를 모르면 생활이 불편함 – 고도 문제를 제외한 생활 여건은 좋음 – 남미대륙의 중심이라 남미 각국 여행이 편리함	– 영어가 공용어로 생활에 편리함 – 더운 날씨 및 현지 음식 적응이 불편 – 근무 여건은 좋음

▽ 라파스 개인주택가의 꽃들

Chapter 02

기회의 땅 볼리비아,
아름다운 도전

¶ 라파스의 심장 프라도, 그림 같은 아추마니

라파스가 볼리비아의 심장이라면 프라도는 라파스의 심장이다. 유동 인구가 가장 많고 교통이 늘 복잡하다. 대부분의 정부기관이나 주요 기업체가 프라도를 중심으로 이곳 센트로에 많이 몰려 있고 서비스 산업의 본거지이기도 하다. 호텔, 식당, 유흥업소들이 많다. 이곳의 건물들은 지은 지가 오래 되어 낡은 것들이 많은 반면 칼라코토는 센트로보다 약 300~400m 고도가 낮고 새 건물들이 많다. 그곳에는 지금도 빌딩들이 곳곳에 들어서고 있다. 그러나 센트로에 비해 집세와 물가가 비싸다. 그래서 우리들은 칼라코토를 라파스의 강남이라고 부른다. 거기에는 소위 압구정동이라는 곳도 있다. 고급 가게들이 많이 모여 있는 곳을 우리 교민들이 그렇게 부르는 것이다.

1. 의료법 개정을 요구하는 의료계 종사자들의 데모 행렬
2. 프라도에서는 수시로 데모 및 집회가 열린다.

프라도는 볼리비아를 상징한다. 많은 중요 행사들이 이곳에서 수시로 열린다. 시민들은 이곳을 걸으면서 국가정책에 대한 불만을 몸으로 표출한다. 구호를 외치고 화약을 터트리면서 한두 시간의 가두행진으로 마무리한다. 최루탄이나 물대포를 쏘는 일은 없으며 소수의 경찰들도 조용히 대형을 유지하며 관망하는 정도이다. 나는 하루에도 몇 번씩 이곳을 걷는다. 출근, 퇴근, 점심 식사, 약속 모임 등을 위해서다.

1825년 8월 6일은 볼리비아가 스페인으로부터 독립한 날이다. 지난번 페루를 갔더니 독립기념일이라며 행사를 대대적으로 하고 있었다. 페루 독립일이 1821년 7월 28일. 많은 남미의 국가들은 오랜 시차를 두지 않고 거의 비슷한 시기에 독립을 한 셈이다. 독립기념일 3일 전부터 라파스

△ 독립기념일 거리 행사에 참가한 시민들

△ 독립기념일 거리 행사에 참가한 시민들

시내 곳곳의 거리는 기념 행사로 교통이 통제되고 당일은 거의 마비된다. 직장인 학생 모두가 행사에 동원되어 음악을 울리며 거리 행진을 한다. 기념일이 일요일과 겹쳐서 다음 날인 월요일이 휴일이다.

칼라코토 근처에 아추마니(Achumani)라는 동네가 있다. 내가 사는 집에서 걸어서 15분 정도의 거리에는 아추마니 재래시장도 있다. 나는 가끔 운동도 할 겸 걸어서 그곳으로 시장을 보러 간다. 그곳을 지나 한참을 걸어서 비스듬한 길을 올라가면 많은 집들이 곳곳에 있고 더 올라가면 높은 산 위에 집들도 많이 눈에 띈다. 산 위의 집들은 초라한 집에서 호화스런 저택까지 다양하다.

고도 문제만 없다면 여기가 천국이다. 공기 맑고 소음 없고 경관 좋다. 이곳은 집값도 싸다. 나는 이곳에서 얼마나 더 살 것인가? 이곳보다 더 살기가 좋은 곳은 어디인가? 오늘도 이런저런 생각을 하면서 한참을 걷다가 하루를 마무리한다.

1. 아추마니에서 흔히 볼 수 있는 주택들
2. 별장 같은 아추마니의 주택
3. 전원도시 같은 아추마니 주택가

일요일이면 가끔 한인교회를 간다. 룸메이트의 권유로 다니기 시작했는데 지금은 나가다 말다 반복하고 있다. 집에서 걸어서 40분 정도의 위치에 있으며 신도가 몇 명 되지 않는 조그마한 교회다. 처음 나갔을 때는 목사가 나를 신도들에게 소개했다. 몇 명 안 되는 한인사회이므로 이미 서로가 다 아는 사이다. 목사를 집으로 초대하여 저녁 식사를 함께하기도 했다. 몇 번 안 갔더니 얼마 전에는 문자가 왔다. 교회는 안 와도 좋으나 가끔 만났으면 한다는 메시지였다. 이곳에는 두 개의 한인교회가 있다. 몇몇 한인들은 미국인교회와 현지인교회를 나가는 사람들도 있다. 나는 종교의 필요성은 인정하지만 신자에 분류되지는 못하는 것 같다.

¶ 만남: 곽병곤 의사

라파스에 처음 도착해서 이틀째부터 나는 장염으로 굉장히 고생했다. 원인이 무엇인지 무슨 약을 먹어야 할지 막막했다. 코이카 파견 한국 협력의사가 있다는 얘기를 듣고 당장 전화를 했다. 그는 내가 투숙하고 있는 숙소까지 단숨에 왕림해 주었다. 이렇게 고마울 수가! 몇 가지 약을 주고 한 가지 약은 사서 복용해야 된다고 했다. 약국이 어디 있느냐고 물었더니 그가 직접 사다 주었다.

며칠을 민박집에서 묵고서 아파트를 구해서 이사를 했다. 그리고 한참 지난 후 나는 다시 심한 배탈이 났다. 원래 위장이 예민하고 약한 편이었다. 나는 하는 수 없이 다시 곽 의사에게 전화를 했다. 그는 방문해서 친절히 치료를 해 주었다. 그 후에도 또 코피로 며칠을 고생하기도 했고 감기 몸살로 고생하기도 했다. 고산병 증상인 것이다. 신고를 톡톡히 한 셈이다.

6개월 정도가 지났을 때 나는 장염에 또 걸렸고 약 14일간을 고생을 했다. 병원에서는 감염성 장염이라고 했는데 약을 먹어도 효과가 없었다. 곽 의사는 내가 연락을 하면 어김없이 거의 집을 방문해 주었고 이후 상황을 지켜보자며 나의 상태를 문자로 확인하곤 했다. 그는 성실하고 봉사 정신이 투철한 젊은 의사였다.

그러는 동안 나는 거의 죽을 먹으며 출근을 하는 둥 마는 둥 고생을 했다. 라파스에 죽이 어디에 있겠는가? 밥을 끓여서 먹었다. 죽인지 밥인지 알 수 없는 그야말로 죽도 밥도 아닌 것을 먹었다.

나중에 한국식당에 혹시나 하고 물었더니 아주머니께서 죽을 쑤어주시겠다고 했다. 며칠 분을 사서 냉장고에 넣어두고 먹기 시작했다. 그리고 며칠 후 나는 또 강 자문관님으로부터 전화를 받았다. 집에 사모님께서 죽을 쑤어놓았으니 가져가라는 것이다. 혼자서 식사도 제대로 못하는데 몸마저 아프면 얼마나 힘이 들겠냐고 하면서! 너무나 고마워서 눈물이 핑 도는 것 같았다. 심할 때는 밤잠을 설치며 화장실을 들락거렸고 쓰러질 것만 같은 무력감이 온몸을 파고들었다. 그리고 거의 2주가 지난 후 병원 약과 한국 약 그리고 죽의 합작품이 효과를 발휘했다.

한참 후 곽 선생과 점심 식사를 했다. 몸이 많이 좋아졌고 식사 대접을 한번 하고 싶었다. 칼라코토에서 비교적 괜찮다는 일식당 뉴토쿄에서 간단한 회(여기서는 가장 좋은 회가 문어와 투루차)와 우동 한 그릇씩을 먹었다. 그는 페루에서 군복무 대체 의사로 3년을 근무한 후 코이카 소속으로 다시 이곳 볼리비아에 나와서 근무하고 있다. 엘 알토 국립병원에서 소아과 의사로 근무 중인데 매일 출퇴근은 텔페로 하고 있으며 소아병동 입원환자 진료, 인턴 교육, 그리고 병원 시스템 개선에 관한 자문 등을 하고 있다. 엘 알토는 고도가 많이 높은 곳인데 그는 2년 근무 후에 한국으로 들어갈 계획이라고 한다.

우리는 거의 3시간에 걸쳐서 많은 대화를 나누었다. 볼리비아 의료 시스템, 한인사회의 분위기, 한국기업 진출 현황, 자녀교육 문제 등. 그는 초등학교 1, 2, 5학년 아이들을 두었고 그의 집은 바로 내가 사는 곳에서 도보거리 내에 있었다. 간단했지만 즐거운 식사였다. 맛있는 후안 발데스(Juan Valdez) 커피는 곽 선생이 샀다. 라파스의 빵집 정보와 스포츠 센터 정보 등 많은 것을 알려 주고 나를 집까지 태워 주고 갔다. 그날이 일요일이라 그의 어린 꼬마들에게 빵을 못 사 주어서 아쉬웠다. 그러다 한참 후 프랑스문화원에서 운영한다는 빵집 빵을 그의 꼬마들에게 사 줄 기회가 있었다.

▽ 융가스 꼬로이꼬에서 만난 아름다운 꽃들

¶ 라파스에는 없는 것들

하나, 산소가 부족하다.

고도가 높아서 산소가 많이 부족하다. 숨쉬기가 힘이 들고 고산병 증상이 사람마다 각각 다르게 나타난다. 산소발생기 판매업자에 의하면 대기중 산소량이 보통 21%여야 하는데 이곳 라파스는 17% 안팎이라고 한다. 그래서 취사는 압력밥솥이 아니면 쉽지 않다. 라면을 끓이면 잘 익지 않는다. 그렇다고 오래 끓이면 불어서 맛이 없어진다. 이곳에서는 섭씨 80도에서 물이 끓는다고 한다. 화재도 많지 않다. 그러고 보니 화재현장을 목격한 적은 없고 소방서도 못 본 것 같다. 물론 이것은 라파스에 국한되는 것이 아니고 고도가 높은 곳의 공통적인 현상이다.

둘, 평탄한 도로가 없다.

도시 전체가 산과 계곡을 따라 형성되어서 평지가 없다. 건물과 도로는 모두 지반 높이를 달리하여 만들어졌으며 집들도 산만하게 흩어져 있다. 택시와 버스를 타면 비탈길을 내려가거나 올라간다. 낮은 곳은 집과 땅값이 비싸고 올라갈수록 비교적 가난한 사람들이 많이 산다. 그러나 고도의 영향을 받지 않는 이곳 주민 중에는 높은 곳에다 별장 같은 좋은 집을 지어 놓고 사는 사람들도 있다. 출퇴근에 각각 한 시간씩 하루 두 번 차를 타고 나면 내장에 약간의 고통이 온다. 이것이 처음에는 힘들었는데 이제는 정말 좋은 운동이 되고 있는 것 같다. 경사에 더하여 도로 노면은 아스팔트의 평탄한 길이 아니고 대부분이 상태가 불량하여 울퉁불퉁하거나 돌로 만들어져 노면 굴곡이 심하기 때문이다. 그래서 이곳은 아마 유일하게 텔레페리코(텔페)가 대중교통수단으로 발달한 것 같다. 텔페는 빠르고 쾌적하여 급할 때 상당히 유용한 교통수단이 된다.

산타크루스와 코차밤바를 갔더니 자동차가 시내 평지를 달리는데 그렇게 몸이 편안하고 기분이 안정될 수가 없었다.

셋, 날씨가 좋다.

기온이 적당하고 공기가 깨끗하다. 연평균기온이 섭씨 10~12도이다. 아침과 저녁은 쌀쌀하고 낮에는 따뜻하다. 그러나 밤에는 전기장판 없이는 추워서 잠자기가 힘이 든다. 대부분의 건물에는 냉난방 시설이 없다. 매연 차량이 많기는 하지만 공기는 깨끗하고 맑다. 그래서인지 감기에 잘 걸리지 않는다. 비가 와도 흙비나 검은 비는 오지 않는다. 비를 맞는 것을 아무도 겁내지 않는 것 같다. 그만큼 대기가 맑다는 것이다.

넷, 벌레와 파충류가 없다.

아마 이것이 라파스의 가장 좋은 점이 아닌가 싶다. 단 한번도 벌레나 파충류를 본 적이 없다. 파리, 날파리, 모기, 심지어 뱀 등이 없다. 아마 고도 때문에 이들이 생존하지 못하는 것 같다. 더운 나라와 비교해 보면 이런 축복은 없을 것이다.

다섯, 칼로리 소모량이 높다.

여기 도착하여 한 달이 지난 후 체중이 5kg 줄었다. 이후 이 체중을 유지하고 있다. 위가 좋지 않아 소화기능이 저하되었으나 식욕이 없는 편은 아니다. 한국에서보다 식사량은 늘었고 체중은 줄었다. 이곳의 많은 사람들이 배가 쉽게 고파진다고 한다. 현지인들은 정말 많이 먹는다. 사무실에서도 수시로 간식을 먹으며 일을 한다. 식사를 함께 하는 날이면 그들은 정말 엄청나게 먹는다. 이런 모든 것들이 고도와 연관 있는 것 같다. 많이 먹어야 체력이 유지되고 건강관리가 되니까. 한국에서는 한두 끼 거르기를 그야말로 밥 먹듯이 했는데 여기서는 한 끼를 굶으면 힘이 없어 견딜 수가 없다. 신체적·의학적 근거를 알 수는 없으나 많은 사람들이 그렇다고 하고 나 자신도 그렇게 느끼면서 생활하고 있다. 칼로리 소모량은 확실히 많은 것 같다. 힘이 들어서 많이 움직이지도 않는데 그런 걸 보면 아마 고도 때문에 기초 대사량 자체가 높은 모양이다.

△ 이런 입구를 지나면 산 위에 집들이 나타난다.

¶ 만남: 아래층 한국인 남자

아파트 아래층에 동년배 한국인 남자가 혼자 살고 있었다. 서로 알고 보니 나와 생일도 비슷하다. 자기가 먼저 슬쩍 친구 하자고 암시하기에 좋다고 했다. 남미에 온 지 20여 년이 넘었단다. 페루에서 사업하던 중 믿고 지내던 후배 교민에게 배신을 당하고, 부도를 맞아 한국으로 귀국을 했다가 한국에서는 여건이 너무 어려워 다시 페루로 왔고 산전수전 다 겪은 후에 지금은 안정되었다고 했다. 그는 현재 남미 몇 개국을 오가며 신규 사업을 벌이고 있었다.

저녁 늦은 시간 아파트 엘리베이터 안에서 그와 우연히 만났다. 엘리베이터 안은 단 두 사람뿐이었다. 직감적으로 한국인이라는 것을 알고

"한국분이세요?" 한 것이 인연이 되어 명함을 주고받았고 며칠 후 첫 술자리를 가졌다. 그렇게 첫 만남을 가졌고 두 번째는 아파트 입구에서 우연히 만나서 또 식사를 했다. 어차피 둘 다 비슷한 솔로 처지라 쉽게 의기 투합했던 것이다. 주거지는 페루 리마이고 볼리비아와 콜롬비아는 수시로 사업 목적으로 오간다고 한다. 그야말로 인터내셔널 사업가인 셈이다. 나는 과거 외국에서 각종 사업을 한다는 한국 교민들을 많이 보았다. 수년씩 해외에 체류하면서 그 나라 정부로부터 공사 입찰 기회를 받겠다며 기다리는 사람들. 그러나 아쉽게도 성공하는 사람은 많이 보지 못했다. 이 친구, 이 사장이 조금은 걱정스럽지만 나의 기우일 것이다. 이 사장은 대단히 경험이 많고 주도면밀한 성격의 소유자다. 그리고 지금은 내 룸메이트이자 친구다.

하루는 리마에서 라파스에 왔다며 저녁 식사를 함께 하자고 문자가 왔다. 마침 장염으로 고생을 하고 있던 중이라 식사가 힘들다고 하니 죽을 만들어 주겠다고 한다. 사양했으나 그는 막무가내였다. 그의 칼라코토 사무실에 잠깐 들렀다가 함께 수퍼에 가서 저녁거리를 샀다. 닭죽을 하겠다며 닭과 부추 등을 샀다. 그는 요리 솜씨가 보통이 아니었다. 또 다른 한국 교민 친구를 불러서 우리는 셋이서 닭죽을 맛있게 먹었다. 고마움과 인간적인 따뜻함을 느꼈다. 자연스레 친구가 되었다.

그는 주로 생활을 리마에서 하고 라파스에는 한 달에 한 번 정도 오기 때문에 아파트가 거의 비어 있다고 했다. 그런 까닭에 그는 나에게 제안을 했다. 그의 집세 절반을 내가 부담하는 조건으로 그의 집에 와서 살라는 것이었다. 생각해 보겠다고 했다. 월세 부담액이 절대적 조건은 아니다. 한 달에 한 번, 짧은 기간이지만 마음이 맞고 정서가 통한다면 문제될 것이 없다. 오히려 외로움을 해소할 수 있는 좋은 기회가 될 수 있기 때문이다.

며칠 후 이 사장의 집으로 이사를 하기로 결심을 하고 그에게 그러겠다고 했다. 몇 번 식사를 하면서 그가 남을 배려할 줄 하는 사람이라는 생각을 했고 함께 지내더라도 최소한 크게 불편하지는 않을 것 같았다. 그가 페루에서 사업을 하며 라파스에도 사무실을 두고 프로젝트를 진행하고 있는, 비교적 경우가 올바른 사업가라는 사실을 다른 교민들을 통해서도 또한 알게 되었다. 세탁기가 없는 것을 문제 삼았더니 그것은 구비해 주겠다고 했다. 전자레인지는 내가 구비하겠다고 하며 그의 제안을 받아들였다. 두 가지가 문제였는데 모두가 해결된 셈이다.

남미에서 몇 나라를 오가며 유창한 스페인어로 사업을 하고 있는 그의 모습이 나는 부러웠고 존경심마저 들었다. 나도 뭔가에 도전할 수 있다는 자신감 같은 것이 불끈 솟는 것을 느꼈다. 이런 자신감은 결과적으로 그가 나에게 주는 선물일 것이다. 그보다 중요한 사실, 무엇이든지 내가 보고 배울 점이 있다면 이미 그것으로 충분하다.

¶ 모두가 아미고, 아미가

남미의 인사 방법은 만나거나 헤어질 때 그냥 악수만 하는 우리와는 다르다. 대부분이 양 볼을 번갈아 맞대는 인사를 한다. 친한 경우에는 두 팔로 서로 껴안는다. 처음에 와서 초면인 사람이 그것도 여자가 양 볼을 차례로 갖다 댈 때는 다소 당황스럽고 어색했다. 이제는 적응이 되어 가고 있다.

아침인사는 그렇다 치더라도 두 시간의 점심시간(보통 12:30~14:30)이 지난 후에 하는 오후인사는 더 대단하다. 아침인사보다 더욱 활기차고 생기가 넘친다. 아마도 집에 가서 식사 후 오수를 즐기고 활력을 충전해서 나오는 듯했다. 아침 오후 두 차례 전 직원들을 돌며 매일 악수를 청하는 직원도 있다. 나는 출퇴근 시 나의 파트너와 가끔 악수를 하는 편이다. 이곳 사무실 분위기가 그렇다. 흔히 하는 감사 인사도 '감사합니다(Gracias)'보다는 '대단히 감사합니다(Muchas Gracias)'가 많다. 나쁘지 않은 것 같다. 나도 이젠 익숙해져 간다. 그러나 예의 면에서는 부족한 부분이 많다. 사무실에서 잡담도 많고 큰 소리로 떠들고 거의 주위 사람을 의식하지 않는다.

남녀간 애정 표현 방법은 정말 다양하다. 전혀 남을 의식하지 않는다. 지나칠 정도로 남을 의식하지 않는다. 길거리에서는 시간과 장소에 상관없이 남녀가 서로 부둥켜안고 입 맞추며 서 있는 모습이 흔하다. 지난번 꼬로이꼬 여행 시에는 버스 앞 자리에서 젊은 남녀가 몇 시간을 애정 표현을 하며 버스 내의 분위기를 흐려 놓았다. 그러나 모두가 전혀 무관심해 보였다. 오직 나만 시선이 종종 그쪽을 향하고 있다는 것을 알았다. 사무실 직원들 중 많은 사람이 이혼을 하고 혼자 산다고 했다. 혹은 독신으로 살면서 이성 친구를 사귄다고 했다. 결혼과 이혼에 대한 정서가 우리보다는 비교적 관대해 보였다. 이것이 남미의 정열은 아닐 것이다.

이곳 사람들은 상대방의 나이에 무관심하다. 상대의 나이를 묻는 사람은 한 사람도 못 보았다. 내 나이가 어느 정도 되어 보이느냐고 사무실 직원에게 물어본 적이 있다. 10년 이상을 젊게 말했다. 맞느냐고 묻지도 않기에 나는 그냥 넘어갔다. 동양인들의 나이를 잘 알지 못하는 것 같다. 모두가 친구(Amigo, Amiga)들이다. 나이가 많든 적든 서로 어깨동무를 하고 다니는 모습을 많이 본다. 나의 젊은 파트너는 항상 나를 자기 친구라고 칭하며 어깨를 툭툭 치며 나를 대한다. 젊은 친구가 대견스럽다. 우리 한국인들은 나이에 관한 상하 질서나 위계질서 의식이 필요 이상으로 심하다는 생각을 해 본다. 사무실에서 상하간 대화하는 자세, 술자리 문화, 호칭 사용 방식, 인사 문화 등 모든 면에서 자유분방하고 무질서해 보인다. 모두가 친구이기 때문이다. 세월이 갈수록 편해지는 느낌이다.

¶ 만남: 인연은 또 다른 인연으로

이 사장에게서 리마에서 돌아온다고 연락이 왔다. 저녁 자리에 한 한국 여성과 함께 나타났다. 과거 리마에서 15년 이상을 함께 사업을 해오던 동업자였다며 나에게 소개해 주었다. 지금은 각자의 길을 가지만 상호 협력의 관계를 유지하고 있다고 설명했다. 그러면서 하는 얘기가 자기가 현재 거주하고 있는 라파스의 집, 즉 내가 들어가려고 하는 집이 이 여성 명의로 임차계약이 되어 있다는 것이다. 대화를 나누면서 나는 이 여성에 대해서도 라파스 교민들로부터 우연히 몇 차례에 걸쳐 지나가는 얘기를 들은 적이 있다는 사실을 기억해 낼 수가 있었다. 전 페루 한인회장이었고 2013~2015년에 이름을 날린 소위 '안데스의 여걸' 이삼하 씨였다. 남미 건설의 선두주자 중 하나로, 지금 나의 룸메이트인 이 사장도 당시 그와 함께 일을 했다고 했다.

다음날 저녁 우리는 홍어회 파티를 했다. 이 사장이 삼합(삭힌 홍어, 삼겹살, 묵은지)을 준비한 것이다. 요리 솜씨가 보통이 아닌 듯하여 물어보니 요리사 자격증 소유자다. 볼리비아는 내륙국이라 해산물이 없다. 그런데 이곳에서 삼합이라니! 페루에서도 홍어 요리는 구하기 어렵다는데. 3개월을 숙성시켜서 리마에서 공수해 온 것이다. 소주는 내가 준비했다.

파티는 거의 환상적이었다. 6시 좀 지나서 시작한 술자리가 11시가 넘어서야 끝이 났다. 임차계약자인 이 회장(편의상 그렇게 호칭을 함)은 도대

△ 첫날 이 사장이 준비한 삼합(2017. 6. 22.)

체 누가 세입자인지 모르겠다며 자기 허락도 없이 마음대로 다른 동거인을 끌어 들였다며 농담을 던진다. 이 사장이 이 회장에게 마침내 함께 지낼 사람을 만났다고 해서 이 회장은 그 사람이 어떤 사람인지 무척 궁금했고, 또한 이 사장이 깐깐한 성격이라 쉽게 사람을 못 사귈 텐데 그 상대가 어떤 사람인지 무척 궁금했다고 한다.

이 회장은 원래 약사였는데 지금은 건축업을 하고 있다. 원래는 한국, 파라과이, 리마에서 약국을 운영했는데 어머니의 영향으로 리마에서 건축사업에 발을 디딘 후 지금까지 계속하고 있다는 것이다. 그녀는 초기 약 15년간을 어머니의 도움으로 페루에서 이 사장과 동업을 했고 남미 생활을 시작한 지는 30년 이상 되었다고 한다.

파티는 다음 날도 이어졌다. 이 회장은 다음날 리마로 간다고 했다. 우리 셋은 첫 만남이지만 대화가 즐거웠고 이별이 아쉽기도 하여 쉽게 자리를 뜨지 못했다. 연어회를 준비하려고 했는데 싱싱한 것을 구할 수가 없어서 투루차를 준비했다고 한다. 투루차(내륙국인 볼리비아의 유일한 생선, 티티카카 등 호수에서 나는 송어)와 볼리비아 와인으로 분위기를 잡았다. 그날도 물론 와인은 내 몫이었다. 따리아(Tarija)지방에서 생산되는 제법 이름 있는, 콜베르그(Kolhberg Blue)라는 맛과 향이 좋은 와인이었다. 볼리비아 생활 7개월 만에 처음으로 포식을 했다. 지금은 이 사장이 집 주인 행세를 하지만 이 회장이 다음에 라파스에 올 때쯤에는 내가 집 주인 행세를 할 것이라고 농담을 하며 11시가 넘어서야 아쉽게 작별을 고했다.

며칠 후 아래층으로 합류했다. 짐이 많지는 않았지만 오전 내내 오르락내리락 짐을 날랐다. 다리가 뻐근했다.

¶ 설날, 떡국과 가족 생각

올해 무술년은 아마 운이 좋은 해일 듯싶다. 코이카 이욱기 자문관께서 집으로 신년 떡국 식사초대를 했다. 사모님께서 또 수고를 자청하신 것이다. 전에도 한번 독신 자문관들을 초대했으니 이번이 두 번째다. 수년째 해외생활을 하다 보니 설날 떡국을 먹을 수 있다는 것이 그저 반갑고 행운이라는 생각이 든다. 그리고 남을 초대한다는 것이 어디 쉬운 일인가. 비용은 고사하고 엄청난 일거리와 무엇보다도 정성과 베풀겠다는 마음 없이는 힘든 일이다. 이욱기 자문관 부부는 오랜 기간 한국 대표 자동차의 남미 지사장 생활 당시 현지 거래법인들과 직원들에 베푼 경험이 이미 몸에 배어 있는 듯했다. 씀씀이와 통이 커 보였다. 정말 고마웠다.

메뉴는 대단했다. 훈제연어샐러드, 갈비찜, 해파리 냉채, 골뱅이, 황태 무침, 메밀묵, 떡국 등 이곳 볼리비아에서는 볼 수 없는 귀한 음식들이었다. 재료는 한국에서 가져왔거나 산타크루스에서 사 온 것이라고 했다. 이곳 라파스에서는 기압이 낮아 떡이 잘 만들어지지 않으며 한국고추와 같은 채소도 구할 수가 없다. 그래서 이번 설날 초대는 더욱 의미 있고 고마울 따름이다. 우리 자문관 5명은 와인을 곁들여 맛있게 점심식사를 했고 적당히 취하기도 했다.

간이 노래방 시설을 이용해 흘러간 옛 노래도 한두 곡 불렀다. 우리는 고향을 그리며 향수에 젖어 한국 영화도 한 편 즐겼다. 그리고 저녁식사까지 하고 거의 하루를 그 집에서 보내고 각자 집으로 헤어졌다. 아마 두 분은 음식 준비하고 만드느라 많은 고생을 했을 것이다. 이욱기 자문관의 두 자녀는 결혼해서 미국에서 변호사로 활동하고 있다고 한다. 나머지 자문관들의 자녀들도 역시 대부분이 미국 직장에서 근무하거나 미국 대학에서 공부를 한다고 한다.

나는 공원을 좀 걷다가 저녁 무렵 집에 돌아왔다. 집은 나 혼자만의 공간이다. 자신을 생각하고 가족들을 생각해 본다. 내가 자식들의 교육에 소홀함이 있었거나 아버지로서 부족했던 점이 있었는지도 생각해 본다. 그리고 앞으로 내가 무엇을 더 할 수 있는가 짚어 본다. 떡국 먹은 설날에 울적 트라우마 증상이 또 나타난다.

△ 2018년 설날 자문관 떡국 회동(코이카 환경 박동균, 나이파 IT 박원옥, 금창근, 환경 박준대, 코이카 투자 이욱기)

△ 센트로 소포카치에서 본 시내 주거지역, 멀리 일리마니 설산이 보인다

△ 융가스 꼬로이꼬에서 만난 아름다운 꽃들

떼아모, 볼리비아!

¶ **의미 있는 삶과 행복의 길: 『인간력』을 읽고**

『인간력』의 저자 다사카 히로시는 '인간력'을 인간관계에서 갖추어야 할 총체적인 능력이라고 정의했다. 나는 '사람을 얻는 힘, 진짜 내 사람은 몇 명입니까?'라는 문구가 마음에 들어 이 책을 읽기 시작했다. 제목과 목차를 보면 내용은 대충 알거나 평소에 실천을 위해 노력하는 것들이지만 읽고 생각하는 습관이 중요하기 때문에 한국에 계신 전 해외농업기술개발사업(KOPIA) 스리랑카 소장 장병춘 박사께 부탁하여 공수받았다. 대단히 고마운 분이다.

인간력이 높은 사람은 상대방의 마음을 움직일 수 있는 뛰어난 대인능력을 가지고 있으며, 상대방과의 이해와 대립을 조절하고, 상대방의 기분을 자신의 욕구보다 우선할 수 있다고 말한다. 그래서 소위 잘나가는 사람은 다양한 인격을 지니고 있다고 한다. 나는 '다양한 인격'이라는 말을 대단히 좋아한다. 원활한 인간관계를 위한 다양한 인격 키우기 습관으로 다사카 히로시는 다음과 같이 몇 가지를 주장하고 있다. 이 주장에 입각하여 과연 나는 인격 키우기를 어느 정도 수준에서 어떻게 하고 있는지 이번 기회에 자신을 점검하기로 했다.

하나, 자신이 미숙한 존재임을 인정한다.

50대 후반 무렵이다. 나는 개인적으로 직장에서 대단히 힘든 일을 겪었다. 나는 당시 내가 업무에 있어서나 대인관계에 있어서 유능하고 완벽한 사람이라는 자부심과 자신감에 차 있었다. 나의 그러한 자세가 화근이 된 것이다. 주위의 상사, 동료, 부하들에게는 건방지게 느껴졌던 것이다. 그런 상황을 의식하지 못한 채 나는 오로지 열심히 일만 했고 결과는 좋았고 그럴수록 자신감에 차 있었다. 그러나 주위에서는 오히려 나를 문제 있는 사람으로 몰아가고 있었다.

그때 나는 늦은 나이에 조직문화가 전혀 다른 직장으로 자리를 막 옮겼고, 프로젝트성 업무를 정신없이 추진하고 있었다. 조직에서 인간관계의 중요성을 알고 있었으나 잠시 잊었던 것이다. 사람은 업무능력으로 평가 받기보다는 인간관계로부터의 평가가 훨씬 비중이 높다는 사실도 잠시 잊고 있었던 것이다.

그러나 조직은 냉정하지 않은가? 나는 이러한 사실들을 한참 후에야 깨닫고 자신을 인정하고 돌보기 시작했다. 지금은 나 자신이 여러모로 미숙한 존재임을 인정하고 겸손이 능력보다 우선이라는 자세로 생활하고 있다. 물론 지금은 업무와 인간관계 어느 것 하나 소홀함이 없이 조직생활을 잘하고 있다.

둘, 먼저 말을 걸고 눈을 맞춘다.

나는 껄끄러운 상대를 옆에 두고 아무렇지도 않게 직장생활이나 사회생활을 하지 못한다. 한마디로 모질지 못하다. 상대가 먼저 사과하기를 기다리거나 상대의 존재를 무시하지 못하고 내가 먼저 말을 걸어 매듭을 풀어야만 하는 성격이다. 이런 자세는 아마 나의 타고난 성격 때문이 아닌가 생각한다. 그것이 진심이 아닌 건성으로 접근할 경우에는 오히려 역효과가 나는 경우도 경험했다. 진지하고도 차분한 마음으로 상대에게 접근해야만 효과가 있다. 눈을 마주보고 말을 하면 신뢰감을 주게 되고 오해가 생기지 않는다. 이 또한 과거 직장동료, 친구 사이에서 이미 경험했던 일들이다.

나는 자존심("인간력"에서 말하는 작은 자아) 때문에 껄끄러운 관계개선을 위한 접근을 먼저 하지 못했다. 껄끄러운 인간관계는 직장을 옮겨서도 머리에서 지워지지가 않았으며, 평생 따라다니면서 나를 괴롭혔다. 그래서 "인간력"에서 말하는 내재되어 있던 큰 자아를 작동시킨 경험들이 있다. 이런 경험을 경험으로 끝낸다면 아무런 의미가 없을 것이다. 원인을 분석하여 재발을 방지하고 먼저 매듭을 풀어나갈 수 있는 용기와 인격을 형성해 나갈 때 이것이 삶의 지혜이고 인간력 개발이 아닌가 생각한다.

셋, 마음속 작은 자아를 객관적으로 바라본다.

마음속 자아, 큰 자아 등은 프로이드 심리학에서 나오는 이드(id), 에고(ego), 수퍼 에고(super ego)에 해당된다고 보면 좋을 것 같다. 지금 읽고 있는 앞뒤 글들의 대부분이 작은 자아와 큰 자아에 대한 내용이라고 볼 수가 있다. 나는 잘못이 없으므로 사과를 먼저 할 필요가 없다고 생각하는 것이 작은 자아 그렇게 하면 자신이 괴로우니까 먼저 사과하고 자세를 낮추라고 주문하는 것이 큰 자아다.

좋지 않은 일들이 있은 후 시간이 지나고 조용히 마음속 작은 자아를 객관적으로 바라보면 우스울 때도 있고 자신이 초라해 보일 때도 있다. 이때는 이미 이드와 에고의 줄다리기는 끝나고 수퍼 에고가 마지막 심판을 내리는 순간이라고 보면 좋을 것 같다. 자신이 우습게 느껴지거나 초라해 보여서 수퍼 에고가 작동을 하였다면 이는 이미 자아를 객관적으로 보고 있다는 것이 아닐까.

넷, 상대방의 결점을 개성으로 바라본다.

우리는 직장생활, 사회생활을 통하여 많은 다양한 인격들을 접하게 된다. 한편으로 보면 직장에서는 내 마음에 드는 사람을 만나기가 대단히 어렵다. 그렇다고 내 마음 편하고자 혼자 일을 하는 것은 불가능하다. 그래서 터득한 바가 바로 타인을 포용하고 나에게 필요한 장점만 보자는 것이었다. 결점이 장점보다 훨씬 많은 사람을 포용하기는 힘들겠지만 대부분의 사람들은 결점도 있지만 장점이 더 많다. 장점을 보면서 동시에 결점을 개성으로 본다면 훨씬 더 좋은 인간관계가 형성될 것이다.

다섯, 말의 두려움을 알고 말의 힘을 살린다.

말의 두려움을 모르는 사람이 없다. 내뱉은 말은 주워담지 못하기 때문에 대단히 조심하여야 한다. 말 한마디로 인생을 망치는 사람이 얼마나 많은가? 말의 속도가 힘을 싣는다. 속도가 너무 빠르거나 너무 느리면 말에 힘이 없고 상대는 집중하지 않는다. 적당히 느릴 때가 가장 상대방으로 하여금 관심과 집중을 불러일으키는 것 같다. 또한 말에는 무게가 있다. 중요한 대화는 표정을 진지하게 하여야 한다. 그래야 무게가 실린다. 눈을 마주하고 말을 하면 상대는 나의 말에 집중하게 되고 나의 말에는 신뢰감과 힘이 실린다. 이것이 말의 힘이고 무게이다.

여섯, 멀어져도 영원히 인연을 끊지 않는다.

과거에 친구나 동료들과 싸우고 난 뒤 더 가까워진 경험이 누구에게나 있을 것이다. 나 역시 과거에 마음의 적을 가져본 적이 있다. 어떤 사람을 죽이고 싶도록 미워한 적도 있다. 그러나 그럴수록 나는 점점 더 괴롭고 자신이 작아진다는 생각을 떨쳐버릴 수가 없었다. 그래서 자신을 위한 용기가 필요했고 어떤 식이든 매듭을 풀고 관계 개선을 하고자 노력했다. 여전히 싫어하는 사람은 있다. 싫어하는 감정을 내면적으로 완전하게 깨끗이 지우기는 쉽지가 않다. 그러나 적은 두지 않는다.

일곱, 악연의 의미를 깊이 생각한다.

악연을 곰곰이 생각해보면 분명히 나의 잘못이 전혀 없는 경우는 드물다. 상대방의 잘못이 60~70%인 경우라도 내가 먼저 매듭을 풀면 편안함을 느낀다. 나는 분명히 사과를 할 필요가 없음에도 나 자신이 편해지기 위해서 먼저 악연의 매듭을 풀고자 노력하면서 살고 있다. 어려운 인간관계에 부딪힐수록 나의 마음이 편치 않다는 것은 잘 안다. 그래서 내가 편해지고자 관계개선을 위해 노력을 하고 그 순간이 지나면 나는 한 단계 성숙된 모습으로 바뀌어 간다는 것도 깨닫고 있다.

다양한 인격 형성을 위해 노력하면서 우리의 인간력은 조금씩 높아질 것이다. 반드시 국가와 사회를 위해 큰일을 하고 헌신하는 것만이 의미 있는 삶일까? 나를 잘 다스리고 주위와의 관계를 원만히 할 때 모든 것이 순조로워지고 삶은 편해지기 시작할 것이다.

나는 소통하고 배려하며 어려움에 처한 자에게 먼저 다가가는 겸손한 자세를 유지하는 것을 삶의 모토로 삼고 있다. 겸손 · 겸허해지고자 노력할 때 내면적인 자신감이 생기는 것을 느낄 때가 있다. 이런 의미 있는 삶을 향한 노력의 과정에서 우리는 행복을 느낄 수 있지 않을까!

¶ 나의 생명줄, 땀 흘려 운동하기

운동은 하기 전이나 하는 동안은 귀찮고 힘이 든다. 물론 건강을 위해서도 하지만 운동한 뒤의 상쾌함을 맛보면 또한 운동을 포기할 수가없다. 땀이 나기까지는 무척 힘이 든다. 걸으면서, 뛰면서, 땀을 흘리면서 자신을 추스르고 다잡는다. 이런 과정을 지속적으로 반복하지 않으면 심신이 나약해질지도 모른다는 두려움 같은 것이 있다. 고민과 잡념을 땀으로 씻어 내기 위해서도 뛴다. 아직 가족을 위해 해야 할 일이 남아 있다. 그리고 나는 또다른 도전을 할 것이다.

대부분의 시간을 걷기에 소모하고 잠깐씩 뛰기를 반복한다. 서울에서는 걷기와 뛰기에 비슷한 시간을 할애했지만 여기서는 거의 불가능하다. 3분씩의 뛰기를 중간중간에 몇 번 할 따름이다. 라파스에는 체육관(Gymnasio, Gym)이 몇 군데 있다. 위쪽 센트로 사무실 부근에도 몇 개가 있다. 거기는 다소 저렴한 편이지만 고도 문제로 너무 힘이 들 것 같아서 집 근처에서 한다. 시설이 별로 좋지 않은데 월 이용료가 비싸다. 월 495볼이다. 한화로는 거의 8만 원이 넘는다. 서울에서도 그 돈이면 몇 개월 이용료로 지불했던 기억이 난다. 이후 저렴한 곳이 생겨서 지금은 그곳을 이용하고 있다.

처음 한 달은 시내 거리를 아침 저녁 시간에 속보로 걷는 것으로 운동을 대신했다. 그런데 라파스는 시내 전체가 급경사를 이루고 있어 내려갈 때는 운동이 안 되고 올라올 때는 고도 때문에 숨이 차서 걸을 수가 없었다. 거리를 속보로 걷기를 그만둔 데는 또 다른 이유도 있다. 여기에는 주인 없는 개가 너무 많다. 특히 아침 저녁 무렵에는 개가 무서워서 걸어 다닐 수가 없다. 대부분의 개들은 그냥 지나가지만 때로는 짖기도 하고 따라오며 덤비기도 한다. 사고도 종종 있다. 남미 파견자들에게 교육 기간 중 강조하는 것 중 하나가 개에게 물리지 말라는 것이었다. 광견병은 대단히 위험하다. 한 동료 자문관도 얼마 전에 산보 중 개에게 물려 고생을 한 적이 있다.

나의 책임과 의무를 생각하고 또 다른 도전을 생각하며 꿈에 부풀어 열심히 땀 흘리고 운동을 한다. 운동한 날은 잠이 잘 온다.

¶ 60대 중반, 나는 여전히 꿈꾼다

사람들의 꿈은 일생을 통하여 일반적으로 세월이 갈수록 작아지거나 사그라진다. 그러나 나는 좀 다른 것 같다. 어린 시절의 막연했던 꿈이 자라면서 변하고 실현 가능성이 줄어들다가 노년기에 들어서면서 다른 형태의 돌파구를 찾고 있는 것 같다. 아마 미련과 집착 그리고 아쉬움 때문이 아닌가 싶다.

소통과 유머 컨설턴트 이순하는 한국 학생과 학부모들의 꿈에 관한 재미있는 비유를 했다. 아기가 태어나면 천재가 되라고 아인슈타인 우유를 먹이고, 좀 커서 초등생이 되면 서울대 가라고 서울우유를 먹이고, 중학생이 되면 연세대라도 좋다고 하여 연세우유를 먹인단다. 그리고 고등학생이 되면 2호선권 대학이라도 좋다며 건국우유를 먹이고, 마지막 고3 때는 제발 학교 출석이라도 했으면 좋겠다며 매일우유를 먹인다고 한다.

한국 엄마들의 극성을 재미있게 비유했다. 엄마들의 욕심에 부응하지 못하는 현실을 반영했으나 본인의 꿈을 이렇게 줄여 가서는 안 될 것이다.

꿈! 나는 꿈과 더불어 살아왔고 꿈 때문에 살아가고 있다. 오늘까지 살면서 한번도 꿈이 없었던 적은 없다. 어려서 지금까지 꿈이 바뀌는 과정은 있었으나 늘 꿈과 함께 살아왔다. 중간중간 실망과 좌절로 꿈을 접은 적은 있었으나 끈질기게 나를 채찍질하고 꿈을 재설정하는 그런 독한 면이 있었다. 우리 세대는 대부분 그랬겠지만 가정환경 여건상 그런 기질을 어려서 본능적으로 터득했던 것 같다. 지금도 현재에 만족하지 못하고 뭔가를 하고자 계속 몸부림치고 있는 자신을 발견한다. 이것이 나의 장점 중의 하나인지도 모른다. "세상에 끈기를 대신할 수 있는 것은 아무것도 없다. 재능은 끈기를 대신할 수 없다. 뛰어난 재능을 갖고도 실패하는 사람은 얼마든지 볼 수 있다. 천재도 끈기를 대신할 수 없다"고 암웨이 창업자 제이 밴 앤델은 『영원한 자유기업인』에서 말하고 있다.

최근 몇 년간 나는 꿈을 거의 꿀 수가 없게 되었다. 희망이 없어진 것이다. 물론 희망은 눈 높이와 기대치 여하에 달렸다고는 하지만 현실적으로 봐도 희망을 갖기는 상당히 어려운 여건이다. 건강, 가정, 자식, 노후대책 등 어느 것을 보아도 즐겁거나 기대되는 바는 없다. 나 자신의 일거리도 앞으로 얼마 안 가서 기회가 없게 된다. NIPA는 최장 근무기간이 3년이다. 마지막 일거리이자 마지막 희망이 곧 사라질 것이다. 고민이다. 제2의 인생인 NIPA 생활이 끝나면 어디에서 무엇을 할 것인가? 어떻게 살 것인지? 꿈이 없는 인생을 살아갈 수 있을까?

현재 하고 있는 자문관 역할이 끝날 때를 대비하여 무엇을 준비할 것인가? 적어도 20년 이상의 긴 세월을 아무 하는 일 없이 그냥 살 수는 없지 않을까 싶다. 나는 지금도 뭔가 새로운 도전을 하고 싶은 충동을 끊임없이 느낀다. 이런 생각들은 나의 본래의 야망에 비해 현재 자신이 너무 초라하고 보잘것없다는 생각과 과거에 인생의 방향을 잘못 들어설 수밖에 없었던 것에 대한 미련 때문이리라. 나는 일거리를 찾을 것이고 언제든지 새롭게 도전할 것이고 성공할 것이다. 꿈이 있을 때는 꿈에 부풀어 잠을 설치지만 또한 꿈이 있기에 잠을 잘 잔다.

¶ 만남: 그 남자

"저는 앉아서 돈을 벌겠습니다." 자신감에 찬 목소리였다. 그가 볼리비아에 정착한 지는 20여 년이 되었다고 한다. 초기 7~8년이라는 긴 세월 동안은 사업 아이템을 찾지 못해서 방황을 했고, 그 후 중계무역업을 하며 생활을 그럭저럭 하다가 최근에 겨우 제자리를 찾아가고 있다고 한다.

남루하고 차가운 인상이다. 말투도 날카롭고 직설적이다. 호감형은 아니다. 말과 사고에 있어 군더더기가 없다. 선이 굵고 강하다. 고생한 흔적은 더덕더덕하다. 단순해 보이지만 빈틈이 없고 예리하다. 노력형이며 검소하다. 처음 만날 때 입던 옷을 몇 달이 지난 후에도 그대로 입고 다닌다. 휴대폰은 손가락 3개만 한 넓이의 초기 전화기이다. 아무리 늦은 시각에 술에 취했어도 택시 타는 것을 한번도 못 보았다. 김치를 담가서 지인들에게 나누어 준다. 대신 싫은 사람은 안 만난다고 한다. 뭐 대충 이 정도로 표현할 수 있을 것 같다.

우연히 그를 만났고 지금은 가끔 그와 대화를 나눈다. 그의 머리에는 남미 시장동향과 아이템별 사업 전략이 질서 정연하게 자리잡고 있는 듯했다. 남미 여러 곳에서 많은 실패와 시련을 겪고 지금 막 도약의 문턱에서 보여주는 그의 생활 자세는 전부가 내가 배울 점이라는 생각이 든다.

남들이 무관심하던 당시 외대 스페인어학과를 졸업하고 젊은 나이에 꿈을 품고 온두라스, 과테말라를 향했고 지금은 볼리비아에 정착을 했다고 한다. 그의 대화 내용에는 국경이 없다. 볼리비아, 콜롬비아, 파나마, 과테말라 등 시간과 공간을 초월하는 사업을 늘 구상하고 있다. 세계사에 해박하고 국가별, 품목별 수출입의 장단점을 훤히 알고 있다. 매일 몇 시간씩 신문 읽기와 경제동향 파악에 할애한다고 하니 그럴 수밖에 없을 것이다.

그와의 대화는 그에 대한 관심에서 시작되었다. 몇 차례의 술자리 대화를 통하여 그의 사업에 대한 확고한 판단력과 자신감을 보았다. 지금까지 많은 노력과 실패를 통해서 얻은 그의 산물인 것 같았다. 그리고 그의 단점과 장점도 모두 보았다. 단점보다 장점이 훨씬 빨리 그리고 강하게 눈에 들어왔다. 남들이 갖기 어려운 장점을 그것도 확고부동하게 갖고 있다는 것을 정확하게 느낌으로 알았다. 그것은 바로 신뢰감이었다. 사람들은 단점이 보이면 그 사람의 장점을 덮어버린다. 그래서 그 이상을 보지 못하고 관계가 진전되지 않는 경우가 많다. 상대의 단점을 진심으로 수용할 수 있는 사람을 거의 보지 못했다. 대인관계에서 포용력은 인생을 사는 데 있어서 대단히 중요하다는 것을 경험을 통해 안다. 사람의 장점만을 보고 단점을 개성으로 받아들이는 것이 가능할까? 이런 생각을 하면서 나는 오늘도 그와 미래에 대하여 많은 대화를 엮어가고 있다.

¶ 젊은이여 도전하라, 길은 있다

볼리비아는 남미 국가 중 빈곤한 나라이며, 내륙국으로 아직 개방이 덜 되었다. 2017년 현재 국민 1인당 GDP는 겨우 3,000달러를 넘고, 최근 5년간 실질 GDP 증가율은 5~6%에 달한다. 달러 공식환율도 수년간 6.91로 절대 안정적이다. 외국투자 기업에 대하여 내국인과 동등한 대우를 보장하며, 개인 재산 소유권 인정 및 자유로운 수출입 활동 외환 환전 등을 보장한다.

선진 외국기업과 독점 판매계약을 맺은 발 빠른 현지 기업들은 대부분 대단히 재미를 보고 있다고 한다. 경제 전문가가 아닌 나의 눈으로 볼 때도 틈새가 많아 보인다. 그렇다고 쉽게 보고 덤비면 낭패를 보기가 쉽다고 교포 경험자들은 이구동성으로 말한다.

자동차 업계를 보면, 도요타, 미쓰비시, 마즈다, 닛산 등 일본 기업이 대세다. 특히 도요타는 시내 곳곳에 대형매장을 운영하고 있다. 물론 미국, 독일 등 세계 각국의 자동차들이 진출해 있다. 한국의 현대, 기아는 한 곳에 조그마하게 운영을 하고 있다. 확인된 바는 아니지만 현대 현지

법인은 상당히 재미를 보고 있다고 한다.

현지 요식업 대표 체인점인 알렉산더(Alexander)와 포요 코파카바나 (Pollo Copacabana)는 그야말로 언제나 손님이 장사진을 이룬다. 몇 년 전 라파스에서 KFC와 맥도날드가 실패하고 철수했다고 한다. 그 유명한 스타벅스 역시 이곳 라파스에는 없다. 이런 업종들이 산타크루스, 코차밤바 등 다른 도시에는 있는데 왜 유독 라파스에서는 적응을 못 했는지 조사하지는 않았으나 그 이유는 분명히 있을 것이다.

라파스에는 손님이 붐비는 고급스런 일본 식당이 3개 있다. 중국 식당 역시 대규모로 운영하는 곳이 여러 곳 있다. 이탈리아 식당, 스위스 식당, 오스트리아 식당, 아르헨티나 식당 등 모두가 문전성시를 이룬다. 한국 식당은 두세 곳이 있고 얼마 전 치맥집이 하나 더 개업했다고 한다. 그러나 안타깝게도 한국 식당은 손님이 많지가 않다. 현지인들을 자랑스럽게 한국 식당으로 초대할 만한 분위기가 못 되는 것 같아 늘 아쉽다. 조금만 개선을 한다면 얼마든지 발전 가능성이 보이는데도 왜 잘 안 되는지 모르겠다. 물론 주인의 입장에서는 큰 문제 없이 그 정도로 만족하면서 장사를 하고 있는지 모르나 한국의 국가이미지 관리와 음식 문화 홍보 차원에서라도 이렇게 운영해서는 안 된다는 생각을 해 본다. 한국 대사관에서 국가 차원의 지원이 가능한 부분은 없을까 생각도 해 보았다.

다른 업종을 모두 자세히 살펴보지는 않았지만 아직 이곳 볼리비아에는 상륙하지 않은 외국 브랜드가 꽤 있는 것 같다. 여타 국가들에 비해

사이클이 항상 몇 년 늦다. 또한 이곳은 고도 문제로 상대적 기피지역이다. 그것이 바로 틈새다. 젊은이들이여, 도전하라! 길이 있다. 스페인어? 공부하면 된다.

¶ 스페인어 도전: Te amo와 Te gusto

'Te amo'는 'I love you'이나 'Te gusto'는 'I like you'가 아니고 'You like me'이다. 'Me gustas'가 'I like you'이다. 영어식으로 따지자면, 앞 문장은 주어가 생략된 채 목적어가 앞에 있고, 뒤 문장은 목적어가 생략되어 있는 셈이다. 이런 문법 구조가 초기에는 혼란스러웠으나 무척 흥미로웠다. 그래서 스페인어 공부에 점점 호기심을 갖게 되었다.

스페인어가 세계 31개국에서 약 4억 인구가 사용하는 세계 2위의 언어라는 사실에 놀랐다. 각종 통계자료에 의하면 사용자 수에 있어서는 중국어(12억 명), 스페인어(4억 명), 영어(3.4억 명), 힌디어(2.6억 명) 순서이고, 사용 국가 수에 있어서는 영어(99개 국), 아랍어(60개 국), 중국어(33개 국), 스페인어(31개 국) 순이라고 한다. 한국어는 5개 국에서 7천 8백만 명이 사용하고 있으며 세계 13위라고 한다. 그러나 동남아와 아프리카 국가에서 지금 한국 학교가 설립되고 한국어 강좌가 개설되는 등 한국어 붐이 일고 있어 사용 인구는 이보다 훨씬 많을 것이며 앞으로는 더욱 위상이 높아질 것임에 틀림없다.

나는 스페인어의 세계적 위상에 놀랐고 이번 기회에 스페인어 공부의 필요성을 느끼고 의욕을 갖게 되었다. 스페인어 공부를 오랫동안 한 것은 아니지만 초기에는 진도가 전혀 나가지 않았다. 동사의 시제변화 단계에서 문제가 된 것이다. 동사의 과거, 현재, 미래, 과거완료, 현재완료, 미래완료 및 진행형이 각각 다르고, 1, 2, 3인칭에서 다르게 변하며 단수와 복수가 다르다. 스페인어 동사변화의 다양성에 완전 놀랐다.

사전이나 번역기를 찾아도 동사변화에 대한 일목요연하고 만족스러운 답을 얻기가 쉽지 않았다. 개인교습 또한 회화 위주의 수업이고 문법 설명은 스페인어로는 쉽게 이해하기 어렵기 때문에 일목요연하게 정리가 안 된다. 즉 처음 단계에서 기초를 다지기는 쉽지가 않았다. 인터넷에서 동사 시제변화 테이블을 발견할 수가 있는데 복잡하고 이해에 어려움이 있었다. 그래서 아주 간단하지만 기본적인 샘플테이블을 만들어 이것을 보면서 공부를 하고 있다.

Be동사(Ser/Estar동사)와 일상생활에서 가장 많이 사용되는 주요동사 몇 개를 샘플로 정리해서 점점 추가해 나가는 방식이다. 이 변화 테이블로 시제변화의 전체적 구조를 이해하고 여타 단어의 변화형태도 예상할 수가 있어 학습속도가 빨라질 것이라 판단했다.

라파스, 따리아, 오루로 지방에서는 현재완료형(he comido)을 많이 사용하고, 산타크루스, 베니, 판도 지방에서는 단순과거형(Yo comi)을 많이 사용한다고 한다. 물론 완료형과 진행형 등 더 많은 시제변화가 있다. 이러한 것들은 모두가 스페인어 왕 초보자들에게 해당되는 얘기이므로 스페인어를 잘하시는 여러분들께는 많은 이해를 구하는 바이다.

Be 동사 변화 ⋯ SER/ESTAR VERBO

	pasado		presente		futuro	
	singular	plural	singular	plural	singular	plural
ser	yo era	nosotros eramos	yo soy	nosotros somos	yo sere	nosotros seremos
	tu eras	ustedes eran	tu eres	ustedes son	tu seras	ustedes seran
	el, ella era	ellos,ellas eran	el, ella es	ellos, ellas son	el, ella sera	ellos, ellas seran
estar	yo estuve	nosotros estuvimos	yo estoy	nosotros estamos	yo estare	nosotros estaremos
	tu estuviste	ustedes estuvieron	tu estas	ustedes estan	tu estaras	ustedes estaran
	el, ella estuvo	ellos, ellas estuvieron	el, ella esta	ellos, ellas estan	el estara	ellos, ellas estaran
	estaba					

일반동사 시제변화 ⋯ VERBOS COMUNMENTE UTILIZADOS

Infinitive	Pasado		presente		futuro	
	singular	plural	singular	plural	singular	plural
Preparar	yo prepare	nosotros preparamos	yo preparo	nosotros preparamos	yo preparare	nosotros prepararemos
	tu preparaste	ustedes prepararon	tu preparas	ustedes preparan	tu prepararas	ustedes prepararan
	el, ella preparo	ellos, ellas prepararon	ell, ella prepara	ellos, ellas preparan	el, ella preparara	ellos, ellas prepararan
Invitar	yo invite	nosotros invitamos	yo invito	nosotros invitamos	yo invitare	nosotros invitaremos
	yu invitaste	ustedes invitaron	tu invitas	ustedes invitan	tu invitaras	ustedes invitaran
	el, ella invito	ellos, ellas invitaron	el, ella invita	ellos, ellas invitan	el, ella invitara	ellos, ellas invitaran
Hablar	yo hable	nosotros preparamos	yo hablo	nosotros hablamos	yo hablare	nosotros hablaremos
	tu hablaste	ustedes preparamos	tu hablas	ustedes hablan	tu hablaras	ustedes hablaran
	el, ella hablo	ellos, ellas prepararon	el, ella habla	ellos, ellas hablan	el, ella hablara	ellos, ellas hablaran

Comer	yo comi	nosotros comimos	yo como	nosotros comemos	yo comere	nosotros comemos
	tu comiste	ustedes comieron	tu comes	ustedes comen	tu comeras	ustedes comeran
	el, ella comio	ellos, ellas comieron	el, ella come	ellos, ellas comen	el, ella comera	ellos, ellas comeran
Visitar	yo visite	nosotros visitamos	yo visito	nosotros visitamos	yo visitare	nosotros visitaremos
	tu visitaste	ustedes visitaron	tu visitas	ustedes visitan	tu visitaras	ustedes visitaran
	el, ella visito	ellos, ellas visitaron	el, ella visita	ellos, ellas visitan	el, ella visitaran	ellos, ellas visitaran
Tener	yo tuve	nosotros tuvimos	yo tengo	nosotros tenemos	yo tendre	nosotros tendremos
	tu tuviste	ustedes tuvieron	tu tienes	ustedes tienen	tu tendras	ustedes tendran
	el, ella tuvo	ellos, ellas tuvieron	el, ella tienen	ellos, ellas tienen	el, ella tendra	ellos, ellas tendran
Poder	yo pude	nosotros pudimos	yo puedo	nosotros podemos	yo podre	nosotros podremos
	tu pudiste	ustedes pudieron	tu puedes	ustedes pueden	tu podras	ustedes podremos
	el, ella pudo	ellos, ellas pudieron	el, ella puede	ellos, ellas pueden	el, ella podra	ellos, ellas podran
Ayudar	yo ayude	nosotros ayudamos	yo ayudo	nosotros ayudamos	yo ayudare	nosotros ayudaremos
	tu ayudaste	ustedes ayudaron	tu ayudas	ustedes ayudan	tu ayudaras	ustedes ayudaran
	el, ella ayudo	ellos, ellas ayudaron	el, ella ayuda	ellos, ellas ayudan	el, ella ayudara	ellos, ellas ayudaran

완료형

	Pasado Perfecto		Presente Perfecto		Futuro Perfecto	
	Singular	Plural	Singular	Plural	Singular	Plural
Saber	habia sabido	habiamos sabido	yo he sabido	nosotros hemos sabido	habre sabido	habremos sabido
	habias sabido	habian sabido	tu has sabido	ustedes han sabido	habras sabido	habran sabido
	habia sabido	habian sabido	el, ella ha sabido	ellos, ellas han sabido	habra sabido	habran sabido

Venir	habia venido	habiamos venido	yo he venido	nosotros hemos venido	habre venido	habremos venido
	habias venido	habian venido	tu has venido	ustedes han venido	habras venido	habran venido
	habia venido	habian venido	el, ella ha venido	ellos, ellas han venido	habra venido	habran venido
Pagar	habia pagado	habiamos pagado	yo he pagado	nosotros hemos pagado	habre pagado	nosotros habremos pagado
	habias pagado	habian pagado	tu has pagado	ustedes han pagado	habras pagado	ustedes habran pagado
	habia pagado	habian pagado	el, ella ha pagado	ellos, ellas han pagado	habra pagado	ellos, ellas habran pagado
Querer	habia querido	habiamos querido	yo he querido	nosotros hemos querido	habre querido	habremos querido
	habias querido	habian querido	tu has querido	ustedes han querido	habras querido	habran querido
	habia querido	habian querido	el, ella ha querido	ellos, ellas han querido	habra querido	habran querido
Hacer	habia hecho	habiamos hecho	yo he hecho	nosotros hemos hecho	habre hecho	habremos hecho
	habias hecho	habian hecho	tu has hecho	ustedes han hecho	habras hecho	habran hecho
	habia hecho	habian hecho	el, ella ha hecho	ellos, ellas han hecho	habra hecho	habran hecho
Salir	habia salido	habiamos salido	yo he salido	nosotros hemos salido	habre salido	habremos salido
	habias salido	habian salido	tu has salido	ustedes han salido	habras salido	habran salido
	habia salido	habian salido	el, ella ha salido	ellos, ellas han salido	habra salido	habran salido
Vivir	habia vivido	habiamos vivido	yo he vivido	nosotros hemos vivido	habre vivido	habremos vivido
	habias vivido	habian vivido	tu has vivido	ustedes han vivido	habras vivido	habran vivido
	habia vivido	habian vivido	el, ella ha vivido	ellos, ellas han vivido	habra vivido	habran vivido
Conocer	habia conocido	habiamos conocido	yo he conocido	nosotros hemos conocido	habre conocido	habremos conocido
	habias conocido	habian conocido	tu has conocido	ustedes han conocido	habras conocido	habran conocido
	habia conocido	habian conocido	el, ella ha conocido	ellos, ellas han conocido	habra conocido	habran conocido

* 필자가 공부하며 직접 정리한 스페인어 동사 시제변화표

처음에는 EBS교재인『스페인어 첫걸음』을 한국에서부터 시작을 했다. 이 책을 서너 번 정도 읽고 현지에 도착해서는 외국어 학습 웹사이트 Duolingo에서 스페인어를 한 번 공부했다. 이후에는 외국 서적인『Spanish grammar』를 공부했다. 이제는 아주 쉬운 스페인어 동화책을 사서 읽고 있다. 이렇게 스페인어 공부를 시작한 지가 벌써 1년이 훨씬 지났다. 처음 볼리비아에 와서 혼자 나돌아 다니는 것이 겁이 났으나 지금은 그 정도는 아니다. 영어에 비하면 표현에 있어서 빈틈이 있고 다소 고급스럽지 못하다는 느낌이 드는 것은 혼자만의 생각인지 모르겠다. 그러나 틈틈이 뭔가를 한다는 것이 그리고 할 것이 있다는 것이 너무 좋다. 나는 늘 도전하는 재미로 인생을 살아가고 있다.

¶ 만남: 이종철 대사

이종철 대사는 볼리비아에서의 임기를 마지막으로 은퇴하였다. 지난 4월 26일 이임행사를 끝으로 업무를 마감하고 5월 3일 귀국, 그것으로 오랜 외교관 생활을 은퇴한 것이다. 그날 행사장에는 볼리비아 정부 기관의 장차관들과 각국 대사 그리고 한국 기업대표 등 많은 사람들이 참석했다.

처음 그분을 만나서 스리랑카 얘기를 나누던 중, 전 스리랑카 대사로 근무하신 최종문 현 프랑스 대사 얘기가 나와 대화가 급진전을 이루게 되었다. 그동안 몇 차례의 공식적 식사 자리도 있었고 서로의 은퇴에 관한 이런 저런 얘기를 나눈 사적 자리도 몇 차례 가졌었다.

나는 이종철 전 대사를 존경한다. 그분은 서울시립대를 졸업하고 외교

1-2. 이종철 대사 이임 리셉션(4월 26일, Casa Grande 호텔)
3. 이임 행사장에서 자문관들과 기념사진(가운데 계신 분이 이종철 대사)

부에 입부하여 마침내 대사까지 역임하였다. 이후 스페인 왕립 외교 아카데미에서 수학하고, 스페인 멕시코 고베 과테말라 등지에서 외교관으로 근무한 후 볼리비아 대사를 마지막으로 물러났다. 유창한 스페인어, 무서울 정도의 철저한 자기관리 모습은 타의 추종을 불허한다. 에보 모랄레스 볼리비아 대통령의 자서전 한글판 번역, 그것도 500페이지에 달하는 어마한 분량의 번역을 전부 본인이 직접 하였다고 했다. 성격상 남에게 맡기는 것을 원치 않았다고 한다.

그분은 기회가 있을 때면 수시로 자문관들을 관저나 식당으로 불러서 대화를 나누며 자문관들의 역할과 업적을 존중해 주었고 다독여 주었다.

본인은 귀국하면 꼭 해야 할 일이 있다고 했다. 남미의 오랜 근무와 생활 경험을 바탕으로 한 자서전을 쓰고 싶다는 것이다. 특히 볼리비아 정치, 경제 사회, 문화를 배경으로 한 모순점들과 개선해야 될 사항들이 너무나 많다며 마지막 식사 자리에서 본인의 견해를 열변을 토했다. 임기 중에는 너무나 바쁜 나머지 도저히 집필을 할 수가 없어서 원고 작성에 필요한 모든 자료를 정리해서 한국으로 가져갈 계획이라고 하였다.

나는 귀국 도중에 자료를 태평양에 빠트리지 말고 조심히 가져 가서서 부디 걸작을 만드시기 바란다는 농담을 끝으로 이종철 전 대사와의 자리를 마감했다. 이 책의 추천사 부탁 건으로 두 차례 사적 자리를 가진 적도 있다. 후임으로 지난 4월 말 김학재 신임 대사가 부임했다.

¶ 노년기 인간관계, 어떻게 할 것인가?: 인간미와 노련미

앞에 쓴 『인간력』에 대한 내용은 그 책을 읽고 내 생각 수준과 깊이, 즉 성숙도를 가늠해 보는 정도였다. 여기에서는 65년의 삶을 살면서 터득한 소신을 바탕으로 앞으로의 삶과 인간관계에 대한 나의 마음 자세를 정리해 보고자 한다. 지금도 아래 네 가지는 늘 염두에 두고 실천하려고 노력하고 있다. 아무리 좋은 이론도 실천하지 않는다면 아무런 의미가 없다. 그것이 좋다는 것을 누구나 다 알고 있기 때문이다.

이러한 인간미, 노련미를 향한 내 마음의 움직임은 하루 아침의 결심에서 비롯된 것이 아니고 앞 부분에서 언급한 다양한 경험에서 총체적으로 비롯된 것이다. 경험을 통해서 배우기만 하고 깊이 생각하지 않는다면 진정한 나의 지식은 되지 못할 것이다(子曰 學而不思 即罔 思而不學 即殆: 배우기만 하고 생각하지 않으면 확실한 지식이 없고, 반대로 생각만 하고 배우지 않으면 독단에 빠지기 쉽다).

하나, 가능한 한 베풀자.

베푸는 데는 여러가지가 있다. 무엇이든 욕심을 조금 줄이면 베풀기가 쉬워진다. 욕심이 있는 한 베풀기는 쉽지 않다. 정신적이든 물질적이든 상관없다. 정신적으로 베푸는 것이 사실 더 어렵다. 왜냐하면 물질적인 부분은 눈 감고 실천하면 되지만 정신적 부분은 성숙된 경지에 도달하지 않으면 쉽게 마음이 움직여지지 않기 때문이다. 어려운 순간들을 겪고 인생에 대하여 깊이 생각할수록 욕심이 줄어드는 것을 느낄 수가 있다. 물론 욕심만 줄인다고 쉽게 베풀 수 있는 것은 아니다.

주위에는 본인을 위해서는 무엇이든 사고 먹고 즐기면서 남을 위해서는 너무나 검소한 생활을 하는 사람들이 많다. 나이 들어서 지독히 인색하거나 계산적인 사람들을 보면 안타깝다. 정작 본인들은 그 사실을 모른다는 것이 문제다. 오히려 형편이 어려운 사람들은 그렇지가 않다.

자신에게 인색하고 남에게는 인색하지 않는 것을 검소, 남에게 인색하고 자신에게는 인색하지 않는 것은 인색하다고 말한다. 내 몫을 줄이지 않고 어떻게 남을 위해 베풀 수가 있겠는가?

둘, 배려하고 겸손하자.

상대방의 입장(易地思之)에서 편안함을 느끼도록 챙겨 주려는 생각이 배려다. 배려할 때는 겸손이 자연적으로 동반됨을 느낀다. 나를 낮추고 상대를 존중해 주는 마음이 바로 겸손이고 배려이기 때문이다. 상대가 무슨 생각을 하는지 나로 인해 어떤 불편함을 느끼는지에 대해서 전혀 무관심하고 자신만을 위해서 생각하고 행동하는 사람들이 주위에는 너무나 많다. 자기중심적(egocentric)이고 이기적이다. 이런 사람들은 대부분 자기 우월감에도 사로 잡혀 있는 경우가 많다. 이것이 남에게 피해를 안 주는 것 같지만 조직생활에서는 그렇지가 않다. 남을 전혀 의식하지 않고 자기 할 일만 한다고 해서 주위사람들에게 아무런 영향을 안 미칠까?

배려와 겸손을 모르는 자기중심적 사고를 하는 사람들은 대부분 소통과 공감능력이 부족하고 인간미가 없는 경우가 많다. 나만의 커튼 속에서 혼자 살아가는 사람은 생각이 많은 비범한 사람이거나 아무 생각 없는 균형감각을 잃은 사람일 것이다. 그런 사람이 하는 행동은 옆자리의 소신 있는 정상적인 사람에게는 고통일 것이다.

셋, 말을 줄이고 진심으로 대하자.

말을 많이 한 날은 꼭 후회를 한 경험이 있다. 내용이 별로 좋지 않았거나 실수가 포함되었기 때문이다. 말을 줄이면 대화도 좀 더 진지해짐을 느낀다. 진심 어린 대화로 유도되는 느낌을 갖게 된다. 나는 말수를 줄이고 상대에게 감정이입을 하여 대화를 하려고 노력한다.

우리는 형식적이고 의례적인 대화를 해서는 안 된다. 물론 그런 대화가 필요한 경우도 있다. 입이나 머리에서 나오는 대화가 아닌, 가슴에서 나오는 대화를 해야만 된다. 가슴이 열리지 않는 상대와는 가슴을 여는 노력이 선행되어야 할 것이다. 여기에서 가장 중요한 것은 어려움에 처한 자는 진심으로 그의 입장에 서서 이해하려고 노력하고 도와주어야 한다는 것이다.

▽ 안데스 자락의 곳곳은 이런 모습이다.

넷, 노력하자.

자기 개발을 위한 노력도 중요하지만 원만한 대인관계 유지와 개선을 위한 노력도 하지 않으면 안 된다. 일, 공부, 운동 모두가 중요하다. 그러나 살아있는 한 인간관계를 위한 노력은 필수다. 대인관계에서 상대방의 실수나 부족함을 이해하고 내가 먼저 노력해야 상대는 그것을 정상으로 받아들인다. 마음에 안 든다고 모든 관계를 단절하고 조용히 혼자 살 수가 있을까?

건강은 약하고, 능력은 부족하고, 대인관계는 조심스럽고, 어느 것 하나 자신 있게 내세울 만한 것이 없음을 갈수록 실감한다. 자신감으로 똘똘 뭉쳐졌던 과거는 없어져 버렸다. 그래서 노력하지 않으면 안 된다는 것을 안다.

문제는 실천이다. 우리 나이는 오랜 세월과 경험을 통하여 대인관계의 이론은 박사급이다. 그 중 정말 마음으로 새기며 행동으로 옮기려고 노력하는 사람들이 얼마나 있을까? 과거는 빨리 잊어야 한다. 이제는 주역에서 물러나 젊고 유능한 사람들의 조역을 충실히 하여야 한다. 과거의 직위나 학벌 등은 깨끗이 머리에서 지워야 한다. 경험은 먼저 꺼내 들면 안되고, 필요로 하고 요구를 받을 때에만 꺼내 보여 주면 되는 것이다. 겸손해야만 버틸 수가 있다. 나를 만나서 기분이 왠지 좋지 않거나 조금이라도 손해를 본다는 느낌이 든다면 사람들이 나 주위에 모여들까? 남은 인생에서 어떤 마음 자세로 어떤 인간관계를 통하여 어떤 길을 걸을 것인가? 인간미와 노련미가 그 답이다.

떼아모, 볼리비아!

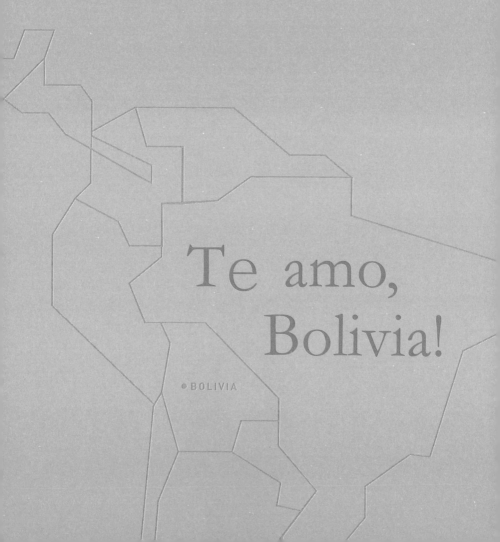

PART 2 ____

안데스산맥 아래,
남미를 여행하다

Te amo,
Bolivia!

• BOLIVIA

●　●　●

"산 정상 가까이 조그마한 집 몇 채가 있다. 그 중 한 집에는 부부가 살고 있
는데 자식들 다섯이 있었다. 남자는 택시 운전을 하고 아내는 농사를 지어
서 시장에 내다 판다고 한다. 큰애는 최고의 명문인 UMSA대학을 들어갔
고 둘째는 라파스로 알바를 다니고 나머지 셋은 아주 어리지만 생각과 태도
는 어른스러웠다. 우리가 한 소녀에게 조금 떨어진 곳으로 함께 가서 놀자
고 했더니 빨래를 해야 되므로 안 된다고 한다. 일곱 살밖에 안 된 꼬맹이
는 10살짜리 오빠의 허락 없이는 어디에도 갈 수가 없다고 고개를 저었다.
그들은 감자, 대파를 재배하고 소, 양, 개, 고양이, 토끼까지 키웠다. 풍족한
생활은 아니었지만 얼마나 씩씩하고 밝고 행복하게 사는지!"

▽ 물이 없을 때의 우유니 소금 호수

Chapter 01

하늘과 맞닿은 땅, 낙천적인 사람들

- 볼리비아의 이모저모

¶ 하늘을 담은 광활한 거울: 우유니 소금 호수

라파스 남쪽 200㎞ 포토시주 우유니 지방에 있는 사막과도 같은 큰 소금 호수가 우유니 소금 호수이다. 면적은 1만 2000㎢, 고도 3,650m의 고지대에 위치하며 칠레와 국경을 이룬다.

이 호수는 세계 최대의 소금으로 된 호수이다. 지각변동으로 바다가 빙하기를 거쳐 녹으면서 거대한 호수가 만들어졌는데, 건조한 기후로 인해 오랜 세월 동안 물은 증발하고 소금만 남게 되었다고 한다. 소금의 양은 최소 100억 톤, 소금 두께는 1m~100m까지 층이 다양하다고 한다. 12월부터 3월까지가 우기인데 그때는 20~30㎝의 물이 고여 있어 낮에는 푸른 하늘이 호수 위에 내려와 어디까지 하늘이고 어디부터 호수인지 경계를 알 수 없게 된다. 구름이 거울처럼 호수에 투명하게 반사되어 절경을 이루고, 밤에는 하늘의 별이 모두 호수 속에 들어 있는 듯 하늘과 땅이 일체를 이루어 장관을 연출한다. 사막 가운데에는 선인장으로 된 '어부의 섬(Isla del pescador)'도 있다.

전에는 이곳에서 채취된 소금이 지역 주민들의 중요한 생계수단이었으나 지금은 정부에서 정제용으로 만들어 판매하고 있다. 요리용, 구이용, 가축용 등으로 분류되어 흰색, 붉은색으로 포장해 판매되고 있다. 순도가 높고 영양이 풍부하고 맛이 좋아 한국인들이 귀국 선물로 많이 산다.

우유니는 라파스에서 비행기로 50분 거리에 있다. 버스로는 15시간이 걸린다고 한다. 버스로 왕복한다면 육체적인 피로를 감수하더라도 시간이 많이 걸리기 때문에 1박으로는 힘들고 숙박료가 든다. 항공료는 왕복 20만 원 정도이며 당일치기 여행이 가능하다.

우유니 공항은 마치 시골 마을의 조그마한 건물 같았다. 공항에 내려서 택시로 10분 거리에 조그마한 타운이 있다. 여기에는 몇 개의 호수 관광을 전문으로 하는 여행사가 있고 그들이 우유니 호수 관광프로그램을 운영한다. 하단이 높은 몇 대의 차량으로 코스 안내를 하고 조건에 따라 인당 150볼~250볼씩 받고 있었다. 호텔을 정하면 그들이 시간에 맞춰 픽업을 해준다. 호텔은 미리 예약하고 오는 것이 좋겠지만 현지 관광 프로그램은 크게 신경 쓰지 않고 현지에 도착해서 여행사와 협상을 해도 좋을 것이다.

호수 관광 프로그램은 1일 코스와 2일 코스 등 몇 가지가 있는데 여행 일정에 맞춰서 선택하면 좋을 것 같다. 우리는 호수 근처에 위치한 소금으로 지은 호텔(우유니 소금 호텔)에 묵었다. 호수 근교에 호텔은 2~3개

△ 소금으로 지은 살라르 데 우유니(Salar de Uyuni) 호텔

정도 눈에 띄었고 옆에는 또 다른 호텔 공사가 진행되고 있는 듯했다.

관광객 중 한국 사람들이 너무 많은 것 같아서 현지 가이드에게 어느 나라 관광객이 제일 많은지를 물어보았다. 한국, 중국, 일본 순이라고 답했다. 확인된 사실은 아니지만 믿기로 했다. 우리는 오후에 도착하여 해 지기 직전까지 한번 돌고 다음날 오전에 다시 다른 쪽을 돌아보는 프로그램을 택했다.

첫째 날 소금 호수를 보고 나는 다소 실망했다. 기대가 컸기 때문일까? 인터넷 상의 사진은 언제나 실재보다 좋기 때문일까? 둘째 날은 소금 호수 바닥의 신비로움을 느낄 수가 있었다. 물이 있는 곳은 거울이 되어 반짝이고 물이 없는 곳은 말라서 정육각형의 도형을 그리고 있었다. 광활한 호수 표면은 우기에는 물로 덮여 거울같이 반사되고, 건기(4월~11월)에는 말라서 정육각형의 모습을 띤다고 한다. 그 광활함은 커다란 거울이 되어 하늘과 구름을 흡수하고 있었고 멀리 바라보면 어디서부터가 하늘의 시작점인지 알 수 없었다.

소금으로 지어진 호텔도 신비롭고 특이했다. 그러나 국제적 관광지로서의 명성을 감안한다면 관광객을 맞이하는 도시의 준비는 너무나 미비해 있고 허술했다. 우유니 소금 호수가 왜 유독 한국 사람들에게 그렇게 인기가 많은지 생각하면서 라파스를 향했다.

△ 물이 고여 있는 소금 호수는 마치 거울 같다.

1-2. 끝없이 펼쳐지는 소금 호수(12,000㎢)

△ 아주 드물게 호수 밑바닥의 물이 보인다(1m~100m의 얼음두께)

¶ 춤추라, 모든 이가 함께 춤춘다: 오루로 축제

오루로의 토요일 오후 날씨는 짜증 날 정도로 비가 찔끔찔끔 내렸다. 그러다가 잠시 동안은 또 많은 비가 내리기도 했다. 그러나 축제는 계속되었다. 옷이 흠뻑 젖을 정도로 많은 양의 비가 내려도 축제는 한치의 흐트러짐 없이 진행되었다. 아무리 비가 많이 내려도 행사는 계속된다고 한다. 그리고 첫날의 축제 행사는 20시간 동안 밤낮없이 계속된다고 했다. 축제에 참가한 이들은 온몸으로 진지하고 열정적으로 춤을 추고 노래를 부른다. 마치 술에 취해서 취기로 하는 듯했다. 신들린 사람들 같기도 했다. 동원되는 댄서와 음악가는 2~3만 명이라고 한다. 뜨거운 열기와 열정은 생각했던 것보다 훨씬 강도가 강했다. 나중에 알았지만 그들은 중간중간에 술을 마시면서 피로를 달래고 흥을 돋운다고 한다.

남미에는 3대 축제가 있다. 브라질의 리우(Rio) 축제, 볼리비아의 오루로(Oruro) 축제, 그리고 페루의 꾸스코(Cuzco) 축제가 그것이다. 페루 꾸스코 행사는 종교의식으로서 태양제라고 한다. 리우와 오루로 축제는 매년 2월경 같은 시기에 시작되고 오루로 축제는 유네스코 인류무형문화유산에 등재되어 있다.

나는 그 남미의 축제를 즐기고 있었다. 마침 내 옆자리에 브라질에서 오루로 축제를 즐기기 위해 온 관광객이 있었다. 그는 자기 개인 의견이라고 하며 조심스럽게 나에게 말했다. 브라질 리우 축제가 볼리비아 오루로 축제보다 좀 더 나은 것 같다고. 축제 행사 참가자와 관광객은 전국 주요 주도(주의 수도)에서 온다고 한다. 나는 토요일 당일로 오루로 축제를 다녀왔다. 출발일 새벽 2시부터 잠을 설치고 4시 30분에 라파스를 출발하여 거의 4시간 거리를 왕복해서 다녀오니 당일 밤 12시를 지나 일요일 새벽 2시가 되었다.

△ 축제 선발대의 팡파르

1. 한동안 친구가 되었던, 마시고 즐기기에 바쁜 옆자리의 젊은 친구들
2. 각 주도를 대표하는 미녀 댄서들

떼아모, 볼리비아!

사람들은 맥주나 양주 등을 마시고 옆 사람이 누구든지 말을 걸었고 일어서서 함께 춤을 추었다. 폭죽을 쏘았고 하얀 액체의 축제용 거품을 아무에게나 쏘아 댔다. 옷이 다 젖고 더러워지는데도 누구도 싫어하거나 거부하는 사람이 없었다. 사람이 발 디딜 틈이 없을 정도로 많아서 밖의 화장실 한번 가기가 대단히 불편했다. 금 자문관과 나는 자리 값으로 이미 여행사에 인당 400볼을 지불했다. 왕복 버스비와 두 끼 식대를 포함하여 인당 모두 700볼을 요구했다. 떠날 때까지는 자리를 소중히 지켜야만 했다. 그래서 맥주도 못 마시고 자리를 지키며 축제를 즐겼다. 우리는 옆 자리의 젊은 아가씨들과 서툰 스페인어로 농담을 주고받았고 또 다른 젊은 청년들은 우리에게 무조건 술을 권했다. 한 모금씩 안 마실 수가 없었다. 우리는 함께 일어서서 춤추고 사진 찍으며 낮 시간을 전부 축제에 쏟았다. 그러나 나는 다소 피곤했고 지루하기도 했다. 고도 탓이다. 이곳 오루로 역시 고도가 3,700m에 이른다. 이 사람들이 이런 열정과 끈기를 산업개발과 국가발전에 투자한다면 볼리비아는 초고속 성장을 하지 않을까.

¶ 세련된 휴양과 관광 도시 : 산타크루스

조금 잘못하면 비행기 밑바닥이 얼음 산봉우리를 치고 지나갈 것 같았다. 엘 알토 공항을 이륙한 지 불과 10여분 만에 우리가 탄 비행기는 볼리비아의 유명한 일리마니(Illimani) 산봉우리를 통과하고 있었다. 누가 설명하지 않아도 비행기가 공항의 남동쪽에 위치한 일리마니산을 통과하고 있다는 것을 알 수 있었다. 아이폰으로 보니 비행기의 고도는

7,500m였다. 일리마니는 6,462m라고 한다. 1,000m 거리인데 그렇게 가깝게 느껴졌을까?

도착한 산타크루스는 해발 400m였다. 라파스에 비해 무덥긴 했으나 산소량이 많아서 그런지 호흡이 부드럽고 심신이 그렇게 편안할 수가 없었다.

4개월 만에 처음으로 고도가 낮은 산타크루스를 여행했다. 3명의 자문관과 함께였다. 여행이라기보다는 고도가 낮은 곳으로 휴양 간다는 표현이 맞을 것이다. 산타크루스는 라파스에서 비행기로 1시간 거리에 있다. 버스로는 13시간 이상이 걸린다고 한다. 현지인들에게 10시간 정

△ 앞에 보이는 하얀 눈의 일리마니산(공항행 텔레페리코에서)

도의 야간이동은 보통이다. 한국에서 이곳으로 관광 오는 젊은이들도 우유니, 산타크루스, 오루로, 코차밤바 등 10시간 이상의 거리를 밤 버스로 출발하는 경우를 많이 보았다.

산타크루스는 유럽풍의 세련된 도시이다. 많은 관광객이 몰려오고 호텔, 식당, 술집들이 성업을 이룬다. 물가도 오히려 라파스보다 비싸다. 산타크루스와 남부도시 따리아(Tarija)에는 미녀들이 많다고 한다. 저녁에는 누군가가 추천한 아이리쉬 펍을 들렀는데 과연 미녀들이 많았다. 밤이 깊어지자 밴드의 생음악은 분위기를 한껏 고조시켰다. 남녀가 짝 지어 술을 마시고 대화를 나눈다. 중년의 여성들도 각종 모임을 갖고 있는

△ Biocentro Guembe 리조트

듯했다. 남미 특유의 음악이 흐르고 떠들며 시간이 지나자 취기에 남녀들은 담배를 피우기 시작했다. 지난번 라파스에서 한 전통 술집을 갔었다. 이곳과 거의 유사한 분위기였는데 무대 밑 좁은 공간이 춤추는 장소로 변해버리는 것을 보았다. 이것이 남미의 열기이고 정열인가?

우리는 하루를 산타크루스 관광 추천 순위 1위인 겜베(Guembe) 리조트에서 보냈다. 풀장 옆 나무 밑에서 휴식을 취하는 자체가 이미 힐링이 되었다. 충분한 영양 섭취와 산소 공급은 라파스의 피로를 씻어내고도 남았다. 그러나 저녁이면 맥주로 다시 몸을 괴롭혔다. 우리는 정신적인 휴식과 만족이 필요했다. 공원 리조트에는 수영장, 조류 공원, 소규모의 동식물원, 식당 등 휴식 공간이 있었다. 입장료와 한 끼 뷔페 식권을 포

△ Biocentro Guembe 조류공원에서

함하여 약 300불 정도가 소요되었다.

볼리비아는 내륙 국가이므로 해산물요리를 먹기란 쉽지 않다. 산타크루스에 해산물식당이 있다고 해서 가 보았다. 페루에서 수입한 해산물인데 겨우 오징어와 새우 몇 마리가 전부였다. 그것도 볶음밥을 만들어 내어 놓으니 해산물이 들어 있는지 잘 모를 정도였다. 또 다른 좋은 식당이 있는지는 모르겠으나 우리는 이것으로 해산물요리에 대한 욕심을 접고 2박 3일의 휴가를 이 정도 선에서 만족하기로 했다.

¶ 죽음의 도로를 지나: 융가스와 꼬로이꼬

죽음의 도로(Camino de la muerte)는 볼리비아의 수도 라파스에서 꼬로이꼬(Coroico)로 이어지는 유일한 북 융가스(Yungas) 도로이다. 세계에서 가장 위험한 도로로 선정된 바 있으며, 매년 사고로 인해 200~300명의 사람이 목숨을 잃고 있는 것으로 전해졌으나 신도로가 생긴 이후의 통계는 없다. 운전 중 잠시라도 한눈을 팔면 낭떠러지로 떨어지는 위험한 도로로 알려져 있다. 그러나 지금은 안전한 새 도로가 생겼다. 4,670m의 라 꿈브레(La Cumbre) 정상을 넘어 나는 이 새 도로를 거쳐 해발 1,750m의 꼬로이꼬를 다녀왔다.

볼리비아에서 높은 산은 칠레 국경지역에 있는 오루로의 사마하(Sajama, 6,540m), 라파스 동쪽60km에 있는 일리마니(Illimani, 6,462m), 티티카카 호수 옆에 있는 이얌푸(Illampu, 6,428m), 포토시에 있는 와이나포토시(Huayna Potosi, 6,088m) 그리고 라 꿈브레(La Cumbre, 4,670m)이다.

1-2. 융가스산맥

1,750m의 꼬로이꼬에서 4,660m의 라 꿈브레 정상까지는 미니버스로 거의 2시간이 걸렸다. 이런 경험은 난생 처음이다. 갈 때도 같은 길을 갔으나 기억이 올 때처럼 생생하지 않았다. 아마 피곤하고 주변 경치를 카메라에 담느라 정신이 없었던 모양이다. 직선거리 3,000m의 산 높이를 지그재그로 차로 오른다고 생각해 보자. 좌우를 돌고 돌아 끝도 없이 오른다. 중간지점에는 구름 천지였으나 조금 더 오르면 해가 쨍쨍 내리쬔다. 산의 우측을 돌아 오르면 밖은 여름 같고 좌측을 돌아 오르면 겨울 같다. 이 과정을 반복하면서 끝도 없이 올라 터널을 통과하면 산은 전혀 다른 모습으로 나타난다. 정상을 향해 출발한 지 얼마 지나지 않았을 때

△ 라 꿈브레에서

잠깐 밑을 내려다보았는데 어지럽고 현기증이 나서 견딜 수가 없었다. 그 다음부터는 두 번 다시 내려다볼 용기가 나지 않았다. 가물가물한 저 밑 계곡 바닥에는 손바닥만 한 강물이 흐른다. 커브를 돌 때는 마치 차가 밖으로 튀어 나갈 것 같다. 그러면 나는 없어지는 것이다. 구조는 거의 불가능하다고 한다.

나는 가이드에게 정상에서 잠시 사진 촬영할 시간을 줄 수 있는지를 출발 때부터 물었고 좋다는 약속을 운전사로부터 받았다. 아이폰으로 계속 고도를 측정하면서 오다가 정상의 위치를 알았고 정확히 4,670m 지점에서 우리는 5분간의 휴식을 취했다. 밖의 기온은 무척 추웠고 숨이 막히는 듯했다. 몇 장의 사진을 찍고 바로 출발했다. 아마도 정상에 관심을 갖고 기념사진 찍는 사람은 유일하게 동양인인 나 혼자였던 것 같다. 이 도로는 신 도로이고 구 도로가 죽음의 도로이다.

한참 뒤 드디어 구 도로인 죽음의 도로를 다녀왔다. 구 도로는 다른 곳에 있지 않고 바로 신 도로 밑부분에 있었다. 라 꿈브레에서 신 도로를 타고 조금 내려가다 보면 서너 군데 구 도로의 진입로가 나타난다. 정상에서 자전거를 빌려 타고 구 도로를 하이킹하는 사람들이 수십 명이 넘는다. 물론 이곳을 통과하는 차량들도 간혹 볼 수가 있다. 우리는 진입로에 차를 세우고 잠깐 밑을 내려다보고 사진도 찍었다. 내려다보는 계곡은 아찔했고 길을 걸을 때는 마치 구름 위를 걷는 것 같은 착각을 하기에 충분했다. 이곳에서는 반드시 좌측통행을 해야 된다고 한다. 낭떠러지를 가까이에서 보면서 운전하는 것이 사고위험을 줄일 수 있기 때문인 것 같다.

1. 죽음의 도로 입구에서 박준대,
   금창근 자문관과 함께
2. 구름 속을 좌측통행하는 차량

△ 두 번째 입구에서 동료 Sr. Ivan과 함께
▷ 꼬로이꼬 숙소에서 내려다본 아침 풍경

¶ 아름다운 마을 꼬로이꼬

꼬로이꼬는 인구 15,000명 정도의 아주 작은 마을로 융가스 지역에 속
한다. 꼬로이꼬 주변지역에 종사하는 유동인구를 포함해도 겨우 25,000
명 정도다. 오래 전 스페인인이 광산을 찾던 중 이곳에서 마을을 형성하
게 되었다고 한다. 꼬로이꼬 주변에는 가 볼 만한 곳이 열서너 곳이 있다.
나는 이 중 원주민 전통마을(Tocana)과 폭포(Cascada) 두 곳을 가 보았다.

꼬로이꼬는 도로가 좁고 이동 차량이 많아서 무척 혼잡스럽다. 그리고
도로는 비포장이거나 작은 돌로 포장이 되어 있어 먼지가 많다. 호텔은
고급스러운 편이 못 되고 식당은 몇 개 안 되는데 음식은 나름대로 가격

대비 저렴하고 맛이 괜찮다. 스테이크 1인분이 50볼 정도이나 맛은 좋다. 라파스 시민들에게 이곳 꼬로이꼬는 대단히 인기 있는 휴식 타운으로 알려져 있다. 나무와 숲으로 둘러싸여 있어서 모기가 많다. 우리들은 모기를 조심해야 된다. 그나마 황열병 예방 주사를 맞아서 안심이 되었다.

¶ 꼬로이꼬-또까냐

또까냐(Tocana)는 볼리비아인의 전통 민속마을이다. 조그만 건물 안에서 원주민들에 의해 전통춤과 음악이 공연되고 밖의 나무 밑에서는 음식이 전통 방식으로 만들어졌다. 땅을 파서 웅덩이를 만든 후 돌을 쌓고

불을 지피고 돌을 달군다. 층층이 벽돌 사이에 돼지와 닭을 넣고 맨 위에는 감자와 바나나를 얹고 그 위를 바나나 잎과 포대로 덮는다. 한 시간 정도 지난 후에 우리는 일인당 약 30~40볼 전후의 저렴한 비용으로 고온에서 맛있게 익혀진 돼지고기와 닭고기를 먹을 수 있었다.

볼리비아 대표 맥주인 빠세냐(Pacena)와 함께 먹는 토종닭 바비큐의 맛은 낮 시간이었는데도 최고였으며 꼬로이꼬의 더위를 말끔히 해결해 주었다. 먹는 즐거움이 없는 여행이 가능할까? 마을사람들은 너무나 순수하고 솔직했다. 우리는 모두가 가족이 되고 친구가 되었다. 나도 동화되고 싶어서 살짝 껴안고 양 볼을 갖다 대는 그들의 인사법에 적응하려고 노력했다. 그러면서도 어색해하고 간간이 그들과 거리를 두려는 나 자신을 발견했다.

△ 꼬로이꼬 원주민의 춤과 노래

△ 악기 연주에 몰입하는 꼬로이꼬 원주민

1. 원주민 음악에 동화 되어 춤추는 관광객들
2. 꼬로이꼬 원주민 춤꾼 아줌마는 수줍은 색시 같다.

떼아모, 볼리비아!

¶ 꼬로이꼬-폭포(Cascada)와 리조트

호텔들이 모여 있는 시내 중심에서 버스로 약 20분 거리에 폭포가 있다. 특징도 없고 웅장하지도 않은데 현지인들은 이곳을 대단히 좋아한다. 단지 시원한 물줄기를 통해서 꼬로이꼬의 더위를 씻어 내리는 것 같아 그것으로 좋았다. 간혹 물속으로 들어가서 폭포 아래에서 안마를 받는 사람들도 있었다. 원래 개도국 관광을 할 때 막상 목적지에 가보면 기대에 못 미치는 경우를 경험하게 된다. 이번 호텔 예약의 경우가 그랬다. 나는 현지인에게 예약에 대한 모든 것을 맡기고 그냥 비용 부담만 하기로 했다. 그런데 도착해서 보니까 호텔이 시골의 여인숙보다도 못했다. 그래서 다른 곳을 알아보고 구하느라 고생을 했다. 연휴라서 호텔이 없고 비용이 비쌌다. 다행히 겨우 하나를 구했으나 그마저도 나는 만족스럽지 못했다.

폭포 입구에는 간단히 요기할 수 있는 노상 포장마차 같은 공간이 있었다. 주인 부부와 두 딸이 함께 장사를 하는 듯했다. 아저씨는 음식을 만들고 아주머니는 서빙을 했다. 10살 정도 되어 보이는 큰딸은 갓난 동생을 돌보면서 뒤쪽에서 간단한 시중을 든다. 아마도 연휴라서 장사 대목을 맞은 듯이 보였다. 나는 나무그늘 아래에서 잠자고 있는 갓난애의 모습을 보면서 많은 생각을 했다. 우리나라의 과거도 이와 다르지는 않았다. 그리고 부모에 의해 결정지어지는 자식의 운명을 생각해 보았다. 이곳 폭포 아래에서 나는 이런 생각을 하고 있었다.

△ 꼬로이꼬 폭포 밑 포장마차

　죽음의 계곡을 가기 위해 한참 뒤에 나는 자문관 2명과 다시 융가스를 찾았다. 꼬로이꼬 마을 아래에는 강물이 흐른다. 깊은 계곡 바닥에서 흐르는 이 강물은 대단히 맑고 투명해 보였다. 그리고 얼마 떨어지지 않은 곳에는 강 줄기를 배경으로 대단히 큰 리조트가 하나 있다. 리오 셀바 리조트(Rio Selva Resort)이다. 이곳에는 바비큐 식당, 호텔, 수영장, 물놀이 미끄럼틀, 나무에 매달린 헤먹(hammock), 넓은 나무그늘, 산책로 등 다양한 형태의 휴식공간이 있다. 우리는 1인당 120볼에 바비큐 식사를 맛있게 즐기고 산책도 했다. 자기 승용차로 운전까지 해주며 우리를 안내해 준 사무실 동료 이반(Ivan)에게 감사한다.

△ 위에서 내려다본 신비롭고 장엄한 융가스

¶ 산에 갇힌 바다: 티티카카 호수와 코파카바나 항

티티카카(Titicaca)는 세계에서 제일 높은 곳에 있는 호수(고도 약 3,800m)이다. 이 호수는 볼리비아와 페루가 공유하고 있다. 이 호수 가운데에 있는 코파카바나(Copacabana)라는 조그마한 도시는 볼리비아와 페루에서 수많은 관광객들이 오가는 관광의 요충지이다. 볼리비아 라파스에서는 3시간 정도 버스로 와서 배를 타고 건너서 다시 한 시간 정도 버스로 가야 코파카바나라는 항구도시에 도착한다. 그러나 페루에서는 이곳으로 배를 타지 않고 곧장 버스로 올 수 있다.

많은 관광객들이 리마에서 출발해서 쿠스코(마추픽추), 푸노를 거쳐서 이곳 코파카바나로 온다고 한다. 여기에서 티티카카 호수를 보고 라파스와 우유니 사막을 거쳐 브라질이나 아르헨티나로 간다고 한다. 혹은 그 반대의 경로를 즐기는 관광객들도 많은 것 같다. 코파카바나에서 볼리비아와 페루의 주요도시를 연결하는 버스 시간표는 버스여행을 계획하고 계신 분들께는 많은 도움이 될 것이다. 이곳 배는 보통 20~30명 혹은 50~60명이 이용할 수 있는 작고 느린 배들이다. 여행객과 차량은 각기 다른 배로 호수를 건너며 구명 조끼가 없는 배도 있어 다소 불안했다.

△ 아름다운 도시 코파카바나의 모습

◁ 페루와 볼리비아를 연결하는
버스의 시간표

이곳 코파카바나의 먹거리는 단연코 티티카카에서 잡은 투루차
(Trucha)이다. 이 생선은 우리나라의 송어와 같다. 볼리비아에는 바다가
없기 때문에 생선은 이것이 유일하다. 구이를 시켜서 와인과 함께 먹으면
구수한 맛이 꽤 괜찮은 편이다. 이곳에는 최종 목적지라고 볼 수 있는 태
양의 섬(Isla de la Sol)이 있다. 이 섬은 볼리비아 영토이다. 인구 약 3천 명
정도가 거주하는 조그맣고 아름다운 섬이다. 마치 이탈리아의 아나 카
프리(Ana Capri)와도 같은 섬이다. 이 섬은 코파카바나에서 다시 배를 타
고 1시간 30분 정도 가야 한다. 가파른 언덕을 30분 정도 오르면 티티카
카 호수의 모습이 한눈에 들어오고 조그마한 식당과 호텔들이 몇 개 보

인다. 아름다운 이 섬에서 멀리 보이는 왼쪽이 페루라고 한다. 이 풍광을
더 즐기려면 식당에 들러서 볼리비아 전통 맥주인 우아리(Huari) 한 병을
마시면 딱 좋다. 그 이상을 마시면 많이 힘들어진다. 왜냐하면 이곳 섬의
고도는 약 4,000m이기 때문이다.

△ 마치 바다와 같이 깊고 넓은 티티카카 호수

¶ 비바람이 깎아지른 암석들: 달의 계곡

집에서 택시로 30분 거리에 있는 달의 계곡(Valle de la Luna). 다른 사람들은 모두 몇 번씩 다녀왔다고 하는데 나는 지척에 두고도 거의 5개월 만에 처음으로 가 보았다. 라파스의 명물이라는 텔레페리코도 다른 이들은 라파스에 도착하자마자 타러 간다고들 했지만 나는 언제든지 마음만 먹으면 할 수 있다는 생각으로 게으름을 피웠다. 모든 것은 자연스러운 기회에 자연스럽게 이루어진다는 생각이 나의 생활 철학이라면 철학이다. 물론 노력에 의해 성취되는 것은 빠를수록 좋다. 달의 계곡의 경우는 현지인 친구가 찾아와서 자연스럽게 가게 되었다.

△ 달의 계곡

　달의 계곡이라는 이름은 기암괴석들이 달의 표면과 닮은 데서 유래했다고 한다. 오랜 세월 비바람에 단단해진 흙벽과 기둥의 모습은 라파스 전 지역에서 볼 수 있는데 그 위에 집을 짓고 건물을 올리고 해도 전혀 문제가 없을 정도로 단단하다고 한다. 칼라코토에서 택시비 30볼 정도면 언제든지 갈 수 있고 관광하는 데 약 45분 정도 소요된다. 기암괴석 외에는 특별한 볼거리가 없어서 한번 구경으로 족할 듯하다.

떼아모, 볼리비아!

¶ 모든 길은 산으로 통한다: 안데스 여행의 묘미

볼리비아 여행에서는 어디를 가든 비슷한 느낌을 주는 풍경이 있다. 안데스의 장엄한 위용이 그것이다. 여행 최종목적지는 고도가 높은 곳이 될 수가 없으므로 정상 부근이 아닌 최소한 2,500m 이하의 산 중턱이 되는 경우가 대부분이다. 2,500m 이상부터 사람들은 산소 부족을 느끼기 시작해 고통이 동반된다고 한다. 그래서 산 넘어 목적지를 가려면 왕복 두 번씩 반드시 좌우 지그재그의 험난한 산길 수 킬로미터를 자동차로 오르락내리락 해야만 한다. 처음 한 번 다녀온 뒤 나는 그 위험하고 험한 길을 다시는 안 가겠다고 내심 다짐을 했는데 두 번 세 번을 계속 가게 되었다. 15인승 미니버스를 탄 사람들은 4,000m 낭떠러지 아래를 내려다보면서도 익숙해졌는지 겁내지 않고 잠까지 자면서 여행을 즐긴다. 나는 처음에는 손에 땀이 날 정도로 긴장했다. 그러나 지금은 많이 적응된 듯하다. 한편으로 보면 이것이 아마 안데스 여행의 묘미가 아닌가 싶다.

그동안 나는 오루로, 우유니, 티티카카, 이얌푸, 융가스 등 안데스 자락을 제법 많이 누비고 다녔다. 안데스의 자락에는 고도가 높은 곳이든 낮은 곳이든 산 곳곳에 사람들이 조그마한 마을을 이루거나 여기저기 흩어져 간이 집을 짓고 사는 모습들을 볼 수가 있다. 보리, 감자, 밀, 옥수수, 끼누아를 재배하고, 야마, 알파카, 비꾸냐 등을 키운다. 그리고 산 중간 여기저기에는 찻길이 나 있다. 아마 그 도로 공사는 수십 년이 걸리지 않았나 싶다. 도로 사정은 좋지 않다. 비포장도로가 곳곳에 있어 덜커덩거리는 차로 달리면 어느새 미세먼지가 차 안에 가득 찬다.

1. 안데스 산중턱, 멀리 마을과 집들이 있다.
2. 티티카카 호수 옆 고도 6,428m의 이암푸 산자락

떼아모, 볼리비아!

1. 멀리서 본 이얌푸 산의 모습
2. 이얌푸 산중턱 소라타(Sorata) 동굴 내의 호수

¶ 악마의 어금니에서 만난 작은 행복

내가 사는 아파트는 해발 3,350m 높이에 있다. 그런데 여기에서 600m 더 높이 오르는 등산이 가능할까? 집에서 걸어서 3시간 반을 가면 악마의 어금니(Muela del Diablo)라는 라파스 근교의 가장 높은 산이 하나 있다. 정상이 마치 사람의 치아(어금니라기보다 송곳니에 가까움)와 같이 생겨서 사람들이 그렇게 부르고 있다. 악마의 어금니 정상은 3,900m이고 서울의 관악산이 629m다.

나는 라파스에 도착한 후 지난 몇 개월 동안 자문관들이 이곳을 산행하는 것을 쭉 지켜보았다. 그러다 큰 마음을 먹고 도전하기로 했다. 두 자문관과 자문관 부부 한 팀 그리고 나, 이렇게 모두 5명에서 김밥과 소고기, 상추, 맥주를 준비해서 갔다. 첫날은 탐색전이라 나는 몸만 갔다. 산에는 나무나 그늘은 물론 없다. 덥지만 건조해서 몸에 땀은 많이 나지 않는다. 이마와 등이 약간 촉촉할 정도였다.

하산길에는 중간에 택시를 타고 왔는데도 총 소요시간이 6시간이었다. 아마 전 코스를 걸어서 왔다면 1시간 이상은 더 걸렸을 것이다. 갑자기 무리하여 다음날 고생을 했다. 9개월 이상을 줄곧 위장 문제로 고생을 해온 터라 몸 상태가 말이 아니었다. 아무래도 안 될 것 같아서 그 다음주에 위와 장 내시경을 받았다. 약값을 제외한 단순 진찰료만 400볼을 지불했고 내시경 검사비는 4,500볼이었다. 한화로 거의 75만 원에 이른다. 볼리비아는 다른 물가에 비해 약값과 병원비가 상당히 비싼 편이다.

볼리비아에 온 이후 육체적으로 가장 힘든 날이었다. 평소에는 고도문

1. 가는 빗으로 빚은 듯한 산 능선
2. 높이 3,900m인 악마의 어금니 정상

제 등으로 고작 한 시간 반 정도의 운동이 전부였다. 박과 금 두 자문관은 한국에서도 거의 프로급 산악인이었다고 한다. 나는 처음부터 체력과 고도에 자신이 없었고 다른 운동을 계획했기 때문에 등산을 하지 않았었다. 이곳 악마의 어금니에 계속 도전할 것인지 아직도 결심을 못하고 있다. 휴식을 취한 후의 컨디션은 최고이기 때문에 더욱 갈등이 된다.

△ 하산길에서 본 라파스 시내 전경

산 정상 가까이에 이르면 조그마한 집 몇 채가 있다. 그 중 한 집에는 부부가 살고 있는데 자식들이 다섯이 있었다. 남자는 택시 운전을 하고 아내는 농사를 지어서 시장에 내다 판다고 한다. 큰애는 최고의 명문인 UMSA대학을 들어갔고 둘째는 라파스로 알바를 다니고 나머지 셋은 아주 어리다. 그러나 생각과 태도는 어른스러웠다. 우리가 한 소녀에게 조금 떨어진 곳으로 함께 가서 놀자고 했더니 빨래를 해야 되므로 안 된다고 한다. 일곱 살밖에 안 된 꼬맹이는 10살짜리 오빠의 허락 없이는 어디에도 갈 수가 없다고 고개를 저었다.

그들은 감자, 대파를 재배하고 소, 양, 개, 고양이, 토끼까지 키웠다. 풍족한 생활은 아니었지만 얼마나 씩씩하고 밝고 행복하게 사는지! 두 자문관은 그 전부터 매번 과자나 먹거리를 가져다 애들에게 나누어 주고 있다고 한다. 거의 자매결연 수준이다. 이것이야말로 진정한 봉사활동이 아닌가 싶다.

¶ 시골의 정취를 느낀 메카파카 산행

집에서 버스로 1시간 정도 약 23km를 가면 해발고도 약 2,800m의 조그마한 산이 하나 있다. 저 아래에는 가느다란 이르파비강(Rio Irpavi)이 길게 흐른다. 쭉 따라가면 코차밤바라는 아름다운 소도시가 나온다. 코차밤바는 고도나 기온, 습도 면에서 아주 생활하기에 쾌적하고 시민들이 행복하여 하루에 다섯 끼를 먹는다고들 한다. 지난번 현지인의 초대로 한번 갔었는데 식당의 소고기는 싸고 연했으며 포도주 한 잔에 10볼을 받았던 기억이 난다. 물론 고급 와인에 비해 양이 좀 적고 품질이 썩 좋은 편은 아니었지만 라파스에서는 있을 수 없는 훌륭한 품질과 가격이었다.

라파스 근처 메카파카(Mecapaca)라는 조그마한 시골 마을에는 5성급 호텔이 하나 있고 시내 옆에는 조그마한 산이 하나 있다. 우리 자문관 셋이서 그 꼬불꼬불한 수로와 같은 능선길을 타고 올랐다. 약 1시간 정도의 높이었지만 경사가 40도는 되는 것 같아 무척 힘이 들었다. 동네 입구에서부터 주인 없는 개 두 마리가 우리를 안내 경호하기 시작했다. 이곳의 개들은 많은 경우 동네에 새로운 사람들이 나타나면 목적지까지 동행을 하면서 뭔가 먹을 것을 바라며 옆에서 우리를 보호(?)해 준다고 한다. 택시에서 내리는 순간부터 우리와 동행하여 하산해서 버스에 오를 때까지 우리를 따라다니며 음식물을 주기를 기다렸다. 절대로 덤비거나 귀찮게 하지는 않고 그저 눈이 빠져라 쳐다보기만 했다. 라파스 거리 곳곳에서 주인 없는 개들이 음식물을 찾느라 쓰레기 통 뒤지는 모습을 흔히 볼 수가 있다. 무척 배가 고파 보였고 한 마리는 몸이 많이 불편해 보였다. 우리는 고기를 먹다 남겨서 주었고 헤어질 때는 매점에서 빵과 물을 사서 주기도 했다.

두 자문관은 소주잔을 나누면서 산행 기분을 냈지만 나는 위가 좋지 않아서 술을 마시지 않았다. 모처럼 두 시간 정도의 산행을 마치고 나니 다리가 뻐근했다. 지난번 악마의 어금니에 비하면 훨씬 힘이 덜 들었다. 교외를 벗어나 시골마을 방문은 오랜만이다. 무엇보다도 고도가 낮고 공기가 맑아서 기분이 무척 상쾌했다. 이제 고도가 낮은 곳을 여행하는 것이 버릇처럼 되어가고 있다. 버스가 많지 않은 곳이라 갈 때는 택시를, 올 때는 미니버스를 이용했다. 비교적 여유를 가지고 여행을 하는 사람들이라면 악마의 어금니나 이곳 메카파카라는 작은 마을도 볼리비아 시골 냄새를 맡을 수 있는 곳이므로 한번 둘러볼 것을 권한다.

△ 메카파카 시에 있는 야산(해발 2,800m)

¶ 볼리비아 여행 포인트: 추천 여행지, 진출 기업, 먹거리 정보

△ 볼리비아 지형, 행정구역, 주요 도시

비행기로 이동하는 경우도 많지만 남미대륙 여행의 특징은 보통 5~15시간을 야간 버스로 이동하면서 국경을 통과한다는 점이다. 볼리비아에도 굉장히 넓고 해발고도가 높은 지역이 많다. 현지인들은 출장이나 여행 시 야간버스로 이동을 많이 한다. 고도로 인해 야간에는 기온이 내려가므로 겨울 옷을 준비해야만 한다. 또한 낮에는 햇빛이 강하므로 자외선 차단용 썬크림, 안경, 모자를 준비하는 것이 필수다.

우리에게 알려진 곳 대부분이 안데스 자락을 벗어나지 못한다. 티티카카 호수, 우유니 소금 사막, 오루로 축제, 융가스 도로 등이 모두 고도가 높은 곳에 위치하고 있다. 그나마 저지대는 외국인들이 가장 많이 거주한다는 산타크루스, 먹거리의 도시 코차밤바, 아르헨티나 국경에 근접한 스테이크와 와인의 도시 따리아, 입법 수도인 수크레 정도이다.

몇 곳을 제외하고 볼리비아에는 그다지 유명한 곳이 많지 않다. 그러나 물가가 싸고 남미여행의 중심 위치에 있기 때문에 많은 관광객들이 몰려 온다. 우리가 가 볼 만한 대표적인 몇 곳, 한국 기업 진출 현황, 라파스의 먹거리 등 기본 정보들을 정리해 보았다.

◆ 여행 기본정보 ◆

추천 순위, 장소	이동 방법	볼거리 내용 등
텔레페리코 (Teleferico)	라파스 시내 5개 노선 운영 중, 6개 노선 추가 공사 중	라파스의 대표적 대중교통수단으로 시내 전체를 한눈에 볼 수 있는 현대식 시설, 야간 관광이 좋다.

샌프란시스코 성당과 마녀시장 (Sagarnaga), 무리요 광장 (Murillo square)	시내 미니버스, 택시, 텔레페리코	이 성당은 라파스의 상징이다. 뒤쪽으로 전통 공예품 쇼핑거리가 있고, 앞쪽으로 국회와 대통령궁이 있는 무리요 광장이 있다.
Urban Rush Bolivia	La Paz Centro, Presidente hotel 옆	시내의 17층 건물에서 건물 벽을 타고 점프해서 내려 오는 스포츠, 젊은이에게 인기 있는 종목이다. http://www.urbanrushbolivia.com/en/
달의 계곡(Moon Valley, Valle de la Luna)	라파스 근교	동쪽 10km에 있는 산봉우리와 작은 협곡들이 복잡 한 미로처럼 얽혀 침식된 언덕이다. 달의 표면과 흡사 하다.
우유니 소금 호수 (Salar de Uyuni)	우유니, 비행기 1시간, 버스 15시간	해발 3,650m 높이에 12,000㎢ 넓이의 염전. 소금 보유고가 100억 톤에 이른다고 함. 우기(12월~3월 사이)가 관광의 적기이다.
융가스 도로 (Yungas Road), 꼬로이꼬(Coroico)	라파스에서 버스로 2.5시간	죽음의 도로(Death road) 관광은 자전거나 도보로 가능하다. 라 꿈브레(La Cumbre)-꼬로이꼬(Coroico) 트레 킹 및 하이킹 코스가 좋다. 볼리비아 전통 민속춤과 음식은 꼬로이꼬 -Tocana 에서 즐길 수 있다.
오루로 축제 (Oruro Carnival)	버스로 4시간	남미 3대 축제 중 하나로 2월에 개최. 남미의 정열과 문화를 만끽할 수 있다.
티티카카 호수 (Lake Titicaca)	코파카바나, 버스로 4시간. 볼리비아와 페루의 교통 요충지	세계에서 가장 높은 호수(3,812m)로 크기가 약 200km*80km이며, 두 섬(Islas del Sol, Islas de la Luna)외에 약 40개의 섬이 있음. 우리나 라 송어와 흡사한 볼리비아 유일의 생선 투루차 (Trucha)가 이곳에 서식한다.
비오센트로 겜베 리조트 (Biocentro Guembe Resort)	산타크루스, 비행기 1시간, 버스 13시간	산타크루스의 휴식공간. 식물원, 수영장, 식당 등이 있어 휴가지로 좋다. 산타크루스는 해발고도가 낮은 관광 상업도시이다.

코차밤바 (Cochabamba)	비행기 30분, 버스 7시간	좋은 기후와 먹거리로 하루에 5끼의 식사를 한다고 한다. 400년 된 성당, 수도원, 고고학 박물관 등이 있다.
따리아(Tarija)	비행기 1~1.5시간. 버스 15시간	미녀가 많다고 하고 스테이크와 와인이 훌륭하다.

◆ 상주 기관, 진출 기업 ◆

구분	주소	대표	연락처
대사관	Av. Ballivian, Calle 13 Edif. Torre Lucia 4-5, La Paz	김학재 대사	+591-2211-0361~63
KOICA	Calle 18, Calacoto N. 8022. Edif Parque 18. La Paz	권영의 소장	+591-2297-1576
KOPIA	"CNPSH" carretera CBBA – Oruro Km. 23.5, "Villa Montenegro" – Sipe Cochabamba – Bolivia	권순종 소장 Kwonsj1021@gamil.com	+591-7038-0807
삼성전자	Calle22 dew Calacoto, Edificio Centro Empresarial Calacoto #8232 Piso5	김영일 법인장 youngkim@samsung.com	+591-2279-6406
삼성 엔지니어링	1. 코차밤바 법인: Avenida Julio Rodriguez Eudoro Galindo y Miguel Aguirre #102 2. 산타크루스 지점: Barrio Equipetrol Norte, Calle Fermin	1. 코차밤바: 박태준 대리 gabriel.park@samsung. com 2. 산타크루스: 이병두 책임 bd05.lee@samsung.com	1. 코차밤바 법인: 4)454-4422 2. 산타지점: 82-70-7417-9979

도화 엔지니어링	Av. Arce N2631, Edificio Multicine, Piso 8 Oficina 807	1. 이상구 전무: 2. Grover Octavio Alvarez Quiroga: groveralvarez@yahoo.com	1. 이상구 전무: 6700-8959 2. Grover Octavio: 7256-6498
현대 산업개발	Carretera A Okinawa Uno Puerto Nuevo	elixer76@gmail.com	6814-4066
LH공사	Calle Warnes Esq. Chuquisaca #110 (1er Piso, Ex. Edificio de Lloyd), Santa Cruz	chseo@lh.or.kr	3)344-6020
평화 엔지니어링	Calle Warnes Esq. Chuquisaca #110 Edificio Ex Lloyd, Santa Cruz	jeongkyu@pec.kr	7105-8134
선진 엔지니어링	Calle Warnes Esq. Chuquisaca #110, Santa Cruz	hoon.kim@live.co.kr	7463-9064
고려아연 (KZ Minerals Bolivia S.A)	Potosi, Tomas Frias, 5km Carretera a Uyuni, Localidad Agua Dulce	jgjang@koreazinc.co.kr	2623-1034

◆ 먹거리 정보 등 ◆

구분	상호	특징	연락처
한식당	Corea Town	식사 가능	센트로 Av. Arce. 전화: +591-7878-1663
	가야(민박가능)	식사와 숙박이 가능	Calacoto, 연락처: +591-2279-3566

한식당	데보라 민박	여행객 공항 픽업함	연락처: +591-7954-8480, Cotacota Calle 28 No. 44 Esquina Calle Andres
	기타	비빔밥집, 치킨집	칼라코토19번가에 있음
한국 슈퍼마켓	코리아 마켓	한국식품 직판매	Calacoto, Calle 22 교회 옆
	유니센트로 1	수출식품 수입판매	Centro/ San Francisco교회 앞
	유니센트로 2	수출식품 수입판매	Calacoto, Calle 19
독일 식당	Reineke Fuchs 독일맥주와 식사 가능	독일식 소시지와 흑맥주 등 판매, 분위기는 좋으나 다소 비쌈	Sopocachi, Calacoto, Camacho
비엔나 식당	Vienna Restaurant	다양한 메뉴, 분위기 아주 좋음	Proado 학생광장 근처 www.restaurantvienna.com
일식당	New Tokyo	문어, 투루차, 우동, 김밥 등	Calle 17, Calacoto, T. 279-2892
	Furusato	문어, 투루차, 우동, 김밥 등	Calle 12, Calacoto
	Kenchan	정식	Prado 학생광장 근처
스위스 식당	살레(Chalet)	스테이크·와인 전문	연락처: 2-279-3160, Calacoto (Cotacota입구)
현지 식당	The steak house	스테이크, 와인	Calle Tarija, entre Murillo 591-2-2148864
	Alexander	커피, 식사, 주류 등 메뉴가 다양함	Prado, Multicine, Calacoto, 공항 등
슈퍼마켓	Ketal, Hipermaxi, Fidalga	볼리비아 대표적 슈퍼마켓	시내 주요 지점에 있음

◆ 볼리비아 대표 음식 ◆

1. Pique Macho – City Cochabamba
피케 마초: 소고기, 소시지, 감자, 야채 등을 소스에 버무린 음식(식사 겸 안주)

2. Picante de Pollo ‖ Spicy chicken
: City Santa Cruz
피칸테 데 포요(매운 닭) – 닭고기와 감자가 주재료인 약간 매운 산타크루스 음식

3. Saice ‖ Spicy Beef – City Tarija
싸이체 – 소고기, 양파, 마늘로 만든 매운 따리아 음식

4. Locro ‖ Hearty Stew – City Beni
로크로 – 닭고기, 쌀, 감자가 주재료인 베니 수프

5. Majao – City Santa Cruz
쌀 마하오 시티 – 바나나, 계란, 소고기 등의 재료로 만든 산타크루스 음식

6. Saltena – La Paz
살테냐 – 소고기, 닭고기, 감자, 야채 등을 넣어 만든 간식용 라파스 대표음식

7. Silpancho – Cochabamba
실판초 – 소고기, 쌀, 감자, 채소로 만든 코차밤바 음식

떼아모, 볼리비아!

❖ 볼리비아 특산품 ❖

1. 알파카 직물	알파카는 안데스 고산지대에 서식하는 가축으로 털은 과거에 잉카인들의 옷을 만드는 데 사용되었다. 질기고 부드러우며 양모보다 7배나 따뜻하다고 한다. 생후 2년 정도된 알파카 털이 가장 부드럽고 섬세하여 인기가 높다. 마녀시장 (Sagarnaha)에 가면 전문 매장이 즐비하다. 이 외에 야마(Llama), 비꾸냐 (Vicuna)의 털도 유명하다.
2. 주류	볼리비아 와인(Vino)은 칠레나 아르헨티나 와인만큼 유명하지 않고, 세계적으로 인지도도 낮다. 그러나 남미에서 볼리비아 와인처럼 가성비가 높은 와인은 드물다. 따리아 지방에서 생산되는 캄포스 데 솔라나(Campos de Solana), 콜베르그(Kohlberg), 아랑후에스(Aranjuez) 등의 시음을 권장한다. 싱가니 (Singani)는 볼리비아의 대표적인 술로서 39도의 증류주이다. 가격대는 다양하며 주로 칵테일로 마신다. 저급은 두통을 유발한다고 한다.
3. 기타	영양이 풍부하다는 붉은 소금, 우주인의 식량이라는 끼누아(Quinoa), 안데스의 인삼이라는 마까(Maca) 등도 유명하다.

❖ 기타 ❖

볼리비아 라파스행 항공편은 여러 방법이 있으나 대표적으로 인천~LA/샌프란시스코~리마~라파스, 혹은 인천~워싱턴~보고타~라파스 노선을 많이 이용한다. 항공편, 비자, 호텔 등 관한 정보는 실시간으로 해당 사이트나 여행사를 이용하는 것이 좋다. 볼리비아는 남미국가 중에서 경제력이 가장 낮고 물가(호텔요금), 교통비, 음식값)가 상대적으로 저렴하여 외국 관광객들이 장기 투숙을 하는 경우가 많다.

볼리비아 화폐(Bs, 볼리비아노)는 원화로 직접 환전이 안 되므로 달러를 통해서 환전하여야 한다. 참고로 1Bs은 약 168원이고, 1$은 약 6.95볼(Bs)이다. 현지에는 시내 곳곳에 은행보다 유리한 환전소가 많고 100불을 환전하면 695볼을 받는다고 생각하면 좋다. 이 환율은 수년간 거의 변하지 않고 있다. 볼리비아의 현재 경제현황을 잘 보여주고 있다. 볼리비아의 경제는 매년 견고한 성장세를 보이는 중이다.

▽ 리마 미라 플로레스 상공을 나는 패러글라이딩

Chapter 02

마추픽추에서 산크리스토발까지

—페루, 아르헨티나, 브라질, 칠레

¶ 남미의 관문, 페루 리마

어릴 때 페루의 리마(Lima)를 동경했었다. 특별한 이유도 없이 그냥 도시 이름에서 느끼는 나만의 여행벽 같은 것이었다.

룸메이트인 이 사장이 자기 편리한 날짜에 나를 리마에 초대해 놓고 급한 일로 다시 라파스에 왔고, 결국 나는 그가 없는 리마를 여행하게 되었다. 이 사장은 리마에서 함께하지 못함을 미안해 하며 대신 리마의 이 회장(전 페루 한인회장 이삼하 씨)에게 나를 부탁했다. 처음에는 이번 페루 여행을 혼자 할까 하다가 금 자문관에게 동행 의사를 물었다. 그는 나의 제안에 답이 없다가 이틀 후에 항공 스케줄을 물어오는 것으로 동행을 수락했다. 모든 항공편과 호텔예약, 공동경비 사용 등을 금 자문관이 맡아서 처리했다. 그는 꼼꼼하고 일을 잘 처리한다.

이 회장이 리마 공항에 픽업을 나왔고 우리는 그의 안내 프로그램에 전적으로 따르기로 했다. 리마는 인구 천만에 육박하는, 서울과 같은 규모의 대도시이다. 1821년 7월 28일은 페루가 스페인으로부터 독립한 날로 이번 여행은 독립기념일과 겹쳐 시내 교통이 대부분 통제되거나 마비가 되었다. 그래서 대중교통을 이용한 관광은 지리를 모르는 우리들에게는 거의 불가능한 상태였고 이 회장의 차량을 이용한 시내 관광이 최고의 수단이었다. 우리 셋은 해변가의 해산물 뷔페식당(Rustica)에서 늦은 점심식사를 하는 것을 시작으로 식당 라 로사 나우티카(La Rosa Nautica)에서의 저녁식사 등 주로 먹는 것으로 첫날 일정을 소화해 나갔다. 바다위에 지어진 그 식당은 창문 밖의 거센 파도소리를 들으며 페루 대표 맥주인 꾸스케냐(Cuzquena: Cuzco 사람을 의미하는 스페인어)와 대표 음식인세비체(Ceviche: 해산물 샐러드)를 시간 가는 줄 모르고 마음껏 즐겼다.

△ 리마 태평양 바다 위의 식당 La Rosa Nautica Restaurant https://www.larosanautica.com

떼아모, 볼리비아!

1. 잿빛 어린 리마 미라 플로레스의 태평양 해안
2. 리마 라르꼬마르(Larcomar) 식당가에서

둘째 날은 잉카 재래시장을 구경했고, 대통령궁, 아르마스 광장, 박물관 등은 지나가면서 설명 듣는 것으로 만족해야 했다. 잉카 재래시장은 대단히 컸으며 페루사람들의 정교한 손재주 때문인지 토속 수공예제품들이 많이 진열되어 있었다.

리마의 압구정동이라 불리는 미라 플로레스(Mira flores)는 고급스러운 식당과 커피숍이 즐비한 거대한 쇼핑타운이었고 서울 못지않게 번화하고 세련되어 보였다. 태평양 상공에서는 사람들이 패러글라이딩을 즐기고 그 아래에서는 윈드서핑을 즐겼다.

저녁에는 한국 식당에서 맛있는 회를 먹었다. 내가 이 회장에게 회를 부탁했고 그는 한국 식당에 부탁해서 특별히 어선에서 사온 횟감으로 저녁을 준비했다고 했다. 특히 얼마 전 칠레 남극에서 가져왔다는 메로를 특별히 냉동고에서 가져왔다며 차에 싣고 다니다 저녁상에 올려놓았다. 파타고니아 이빨고기(Patagonian Toothfish)로 불리는 메로는 남극해 심해에서만 사는 희귀어종으로 맛이 좋고 영양이 풍부하며 미국에서는 '칠레농어', 한국과 일본에서는 '메로'라 불린다.

저녁식사 후 숙소로 이동 중 바닷가 공원을 거닐었다. 모형 나스카 라인(Nazca Line)도 보았고 사랑의 공원(Parque de Amor)도 거닐었다. 우리는 아쉬운 작별 인사를 나누고 숙소에서 내일의 마추픽추 여행을 위한 준비를 서둘렀다.

1. 해변가의 모형 나스카 라인
2. 사랑의 공원 조각품

이 회장의 이틀에 걸친 리마 시내 안내는 시간과 정성 면에서 감동이었
다. 어디에서도 그 이상의 대접을 받을 수는 없었을 것이다. 남미에서의
첫 국외 나들이, 리마에서의 2박은 즐겁고 편했다. 다시 한번 감사의 인
사를 전한다.

¶ 잃어버린 잉카의 신비, 마추픽추

마추픽추(Machu Picchu)는 남미의 얼굴, 안데스의 신비, 페루의 상징,
공중도시, 태양의 도시, 잃어버린 도시 등으로 불리는 잉카 최대 유적지
이며 세계 복합 문화유산이며 세계 7대 불가사의 중 하나다. 1911년 미

국의 탐험가 하이럼 빙엄(Hiram Bingham)에 의해 발견된 잉카인들의 요새 도시 마추픽추는 발견 당시 폐허였다. 스페인의 침략을 피해 처녀들과 노인들을 마추픽추의 한쪽 묘지에 묻어버리고 제2의 잉카 제국을 찾아 어디로 사라져 버린 것이다. 그 후 마추픽추는 세계인들에게 영원한 수수께끼 도시로 남게 되었다.

다만 후대의 연구에 의해 만 명이 넘는 잉카인들이 집단생활을 통해 수십 톤이 넘는 무거운 돌들을 수십 킬로미터를 날라 와 주거단지를 형성했으며, 감자, 옥수수 등 농작물을 위험한 계단식 농경지에서 재배하며 이곳 하늘 도시에서 살았던 것으로 밝혀졌다.

오늘은 아침부터 서둘러 리마공항을 향했다. 우선 꾸스코(Cuzco)를 거쳐 아구아 깔리엔테(Agua Caliente)에 가야만 우리의 숙소가 있고 그곳에서 내일 아침에 마추픽추에 오를 예정이었다. 잠깐 정리해 보면 리마에서 꾸스코까지 한 시간을 비행으로 가서, 꾸스코 공항에서 뽀로이(Poroy)까지 택시로 30분을 간다. 그 다음 마추픽추행 기차를, 혹은 꾸스코 공항에서 오얀타이 땀보(Ollantay Tambo)까지 버스로 1시간 40분 정도 가서 다음 기차를 이용해도 된다. 뽀로이에서 기차로 약 4시간 내려가면 아구아 깔리엔테 시가지에 도착한다. 여기서 30분을 버스로 오르면 마추픽추가 나온다. 결국 꾸스코에서 마추픽추까지는 적어도 5시간 이상을 잡아야 된다.

1. 꾸스코(해발 3,355m) – 페루 남부의 주 주도, 잉카제국의 수도

2. 뽀로이(3,486m) – 기차 시발역

3. 오얀타이 땀보(2,797m) - 꾸스코와 마추픽추의 중간지점 역

4. 아구아 깔리엔테(2,038m) - 기차 종착역, 마추픽추 베이스 캠프, 마추픽추행 버스 정거장

5. 마추픽추(2,430m) - 목적지, 오래된 봉우리

6. 와이나픽추(2,800m) - 마추픽추 옆에 있는 더 높고 경사가 가파른 다소 위험한 젊은 봉우리

즉, 마추픽추는 높은 봉우리가 아니다. 기차는 마추픽추를 향하여 계속 내려간다. 단지 마지막 아구아 칼리엔테에서 버스로 오른 후 다시 걸어서 올라갈 뿐이다.

꾸스코는 잉카제국의 수도였다. 그러나 꾸스코에서 보낼 수 있는 시간은 불과 몇 시간밖에 없었다. 아르마스 광장에 있는 성당과 잉카박물관을 둘러보는 것으로 만족해야 했다. 리마에서 아침부터 서둘러 왔지만 아구아 깔리엔테까지는 시간이 많이 소요되기 때문이다. 꾸스코는 볼거리가 많은데 시간이 부족해 아쉽다.

새끼 알파카(Alpaca)를 안고 있는 여인과 사진을 한 장 찍었더니 돈을 요구했다. 새끼 알파카의 털은 스웨터 등의 옷감으로 인기가 좋다. 알파카 스웨터는 선물로 인기가 좋아 추천하고 싶다. 멸종위기종인 비꾸냐(Vicuna)의 털로 만든 옷은 알파카 울로 만든 옷보다 좀 더 고급스럽고 비싸다.

점심시간이라 식당에 들러 세비체와 피스코 사워(Pisco sour: 페루의 전통

1. 꾸스코 대성당 앞에서
2. 마추픽추의 베이스 캠프인 아구아 깔리엔테 마을
3. 유럽풍의 아구아 깔리엔테 주점에서 꾸스케냐 한 잔

주 칵테일) 한 잔으로 허기를 채웠다. 세비체의 새콤달콤한 맛이 혀끝을 매료한다.

우리는 버스를 타고 오얀타이 땀보까지 이동했다. 볼리비아에서 미리 뽀로이에서 출발하는 기차표를 구하지 못했고 일부 구간은 버스로 이동하는 것이 볼거리도 많고 총 비용 면에서도 저렴하기 때문이다. 아쉽게도 저녁 기차라 우루밤바(Urubamba) 강을 끼고 달리는 웅장한 안데스 계곡은 구경할 수가 없었다. 익일 기차를 기대하기로 했다.

마추픽추는 아구아 깔리엔테에서 버스로 약 30분 오른다. 그리고 주차장에서 또 걸어서 20분을 올라야 비로소 목적지에 이른다. 사람들은 이른 새벽부터 버스를 타고자 줄을 서서 기다린다. 우리는 다소 여유롭게 8시 버스를 이용했다. 버스는 그야말로 좌우 지그재그로 마추픽추 정상을 향해 올라갔다. 구름이 많아 시야가 좋지 않았고 사진 찍기에 별로였다.

와이나픽추 입장권은 미리 예매하지 않아서 올라갈 수가 없었다. 와이나픽추는 고도가 높고 경사는 굉장히 심한 편이다. 이곳은 7월부터 하루에 두 번 입장으로 시간 제한을 두고 400명으로 인원도 제한한다고 한다. 마추픽추, 와이나픽추 입장권은 모두 사전에 예매해야 할 것이다.

1. 아구아 깔리엔테에 도착한 기차
2. 마추픽추 입구 매표소
3. 구름 낀 마추픽추에서 인증샷

1. 구름 덮인 와이나픽추
2. 신기에 가까운 잉카인들의 돌벽 쌓기 기술
3. 마추픽추 주거지 모습
4. 계단식 경작지

¶ 높이도 폭도 없이, 이과수 폭포의 웅장함

△ 브라질을 향하는 이과수 다리

세계 3대 폭포(이과수, 나이아가라, 빅토리아) 중의 하나인 이과수 폭포(Las Cataratas del Iguazú)는 이과수 강을 사이에 두고 3개국(브라질, 아르헨티나, 파라과이)의 접경에 있다. 아르헨티나에서 브라질을 향해 강을 건너면 왼쪽 하류에 파라과이가 보인다. 다리 중간지점에서부터 노랑과 초록색을 칠한 다리가 브라질에 속하고 사진에서 보이지는 않지만 뒤쪽으로 하늘색과 하얀색을 칠한 다리가 아르헨티나에 속한다고 한다. 택시기사는 다리 중간지점에서 잠깐 사진을 찍으라며 시간을 주었고 두 나라의 각각 다른 페인트 색깔을 축구선수 네이마르와 메시의 대결구도로 비교했다.

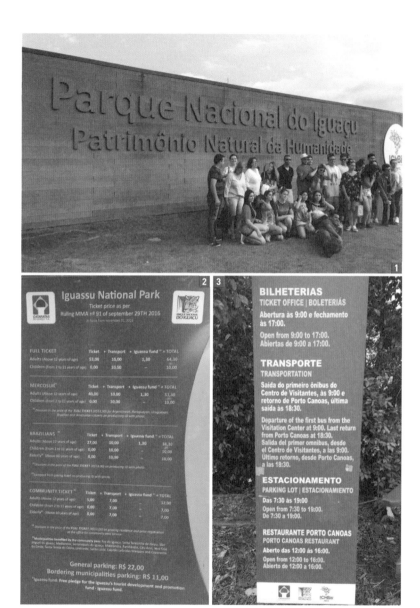

1. 브라질 쪽의 이과수 국립공원 입구
2. 공원 이용요금 안내표
3. 공원 이용시간 안내표

이과수 폭포는 브라질과 아르헨티나 두 군데에서 보아야 한다. 이과수 폭포는 그 규모가 매우 커서 양국은 이 폭포를 국립공원으로 정했다. 아르헨티나 푸에르토 이과수(Puerto Iguazú) 공항에서 브라질 포스 도 이과수 (Foz do Iguaçu)를 가려면 택시로 40~50분 정도 걸리며 요금이 6~7만원 정도 된다. 아르헨티나 공항에서 버스를 이용하면 국경 직전 터미널에서 내려 다시 브라질행 택시로 바꿔 타야 하는 불편함이 있다. 브라질 1박, 아르헨티나 1박 정도면 이과수 폭포 관광은 거의 문제가 없을 것이다. 브라질은 폭포 하류 쪽에서 보고 아르헨티나는 상류 쪽에서 보는데 브라질 이과수는 2~3시간, 아르헨티나 이과수는 4~5시간 정도면 충분하다. 공원 내 기차를 타고, 강의 다리 위를 걸으며 보는 풍경들을 감안한다면 아르헨티나 쪽이 볼거리가 더 많은 것 같다. 개인적으로는 아르헨티나 쪽이 좋다.

브라질과 아르헨티나의 이과수 국립공원 내에는 호텔이 하나씩 있다. 공원 내의 호텔을 이용하면 밤에도 폭포의 굉음을 들으면서 잠을 잘 수 있다고 한다. 한편 호텔에서는 정글 탐험, 보트관광 등 여러 종류의 다양한 프로그램을 운영한다. 공원관리인에 따르면, 공원 및 관광객 관리 종사자가 푸에르토 이과수에는 7만명으로, 포스 도 이과수보다 3~4배나 더 많다고 한다. 푸에르토 이과수의 연간 관광객은 약 100만명에 이른다고 한다. 거대한 양의 물줄기와 그 굉음은 웅장하고 신비롭다. 한참을 쳐다보고 있으면 약간 어지럽고 마치 내가 물줄기 속으로 빠져 들어가는 것 같은 아찔함이 느껴진다. 마침 이틀 내내 비가 와서 작품사진을 찍지 못하는 것이 아쉬웠다. 남들이 좋다고 하는 이곳을 한번 보는 것

외에 무슨 특별한 의미가 있을까, 그리고 언제 다시 올 기회가 있을까 생

각하며 발길을 부에노스아이레스(Buenos Aires)로 돌렸다.

1. 브라질, 포스 도 이과수 모습(악마의 목구멍)
2. 아르헨티나, 푸에르토 이과수 모습

1. 포스 도 이과수에서
2. 포스 도 이과수

떼아모, 볼리비아!

¶ 태양 같은 정열, 아르헨티나의 탱고

아르헨티나 부에노스아이레스와 파타고니아(Patagonia)를 놓고 고민을 했다. 문화가 먼저라고 결론을 내리고 파타고니아(칠레와 아르헨티나 접경 지역에 있는 모레노 빙하 트레킹 코스)를 미루고 부에노스아이레스를 선택 했다. 솔직히 말하자면 남미의 대명사인 스테이크와 와인을 즐기면서 탱 고에 빠지고 싶은 욕망이 더 강했다. 수년 전에 마드리드에서 플라멩코 와 와인에 빠져 시간 가는 줄 모르고 밤새 허우적거렸던 기억이 탱고를 불렀다. 부에노스아이레스는 인구 1300만에 이르는 거대한 도시이며 남 미의 파리라고 불리는 전형적인 유럽풍의 도시이다.

△ 남미의 파리, 부에노스아이레스 중심지역 거리 모습

1. 대통령궁(Casa de Rosada)
2. 세계에서 두 번째로 아름답다는 서점 엘 에테네오(El Eteneo). 내가 원하는 IT 서적은 없었다.

△ 라플라타강(Rio de La Plata) 근처의 스테이크 하우스

플라싸 데 마요(Plaza de Mayo, 5월 광장)에는 대통령궁(Casa Rosada)을 중심으로 대성당, 국회, 시청 등이 모여 있다. 라플라타강(Rio de la Plata) 옆에는 스테이크와 와인 전문 식당들이 즐비하다. 가장 손님이 많이 온다는 유명한 식당을 찾았다. 와인이나 맥주 중 한 가지를 선택하고 바비큐 고기를 마음껏 먹을 수 있는 곳이었다. 고기는 갈비, 등심, 내장 등 부위별로 마음대로 먹을 수가 있다. 425페소로 모든 것이 해결되었다. 약 25달러로 술과 맛있는 스테이크를 마음껏 즐길 수 있는 것이다. 시내 곳곳에 이러한 식당들이 즐비했다.

부에노스아이레스에는 탱고클럽, 탱고카페가 상당히 많으며 제법 이름있는 카페도 여러 개 있다고 한다. 나는 비교적 찾기가 쉽고 한국 사람들에게 많이 알려진 토르토니(Tortoni Café)를 선택했다. 이곳은 무대가 작고 전통적인 탱고를 추는 곳인데 역사가 깊다고 한다. 그러나 좀 더 현대식으로 된 고급스러운 분위기의 카페를 찾아볼 것을 권장한다. 토르토니 공연은 저녁 8시부터 시작되므로 입장권을 예매를 하거나 낮에 미리 직접 구매를 해도 좋다. 입장권은 400페소였고 식사는 별도였다.

탱고는 유네스코 인류 무형문화유산으로 등재되어 있다고 한다. 탱고의 발생지 라보카(La Boca)의 카미니토(Caminito) 거리는 탱고 관련 기념품 및 전통 공예품 판매점과 식당들이 관광객을 유혹하고 있다. 원래 탱고는 선술집 어부들과 집시여자들이 추던 춤이어서 삶의 애환이 담겨 있다고 한다. 한편 이곳 라보카는 축구 보카 주니어스팀의 무대이자 마라도나의 고향이기도 하다.

△ 카페 토르토니 입구

1. 탱고의 발생지 라보카는 공사 중
2. 라보카 거리 풍경

1. 카페 토르토니 내부
2. 토르토니 카페의 탱고

떼아모, 볼리비아!

1-3. 토르토니 카페의 탱고

남미를 여행할 때는 항상 염두에 두어야 할 중요한 사항이 있다. 항공사들이 시간 개념과 고객서비스 개념이 거의 없다는 것이다. 다음 연결 비행이 국제선일 경우에는 낭패를 보기 쉽다. 푸에르토 이과수 공항에서 부에노스아이레스행 오후 3시 비행기가 밤 9시에 출발한다고 얘기를 한다. 손님이 많지 않을 경우에 한 편을 없애 버리고 승객들을 다음 비행기와 합해 버리는 것으로 추정된다. 문제는 한 편이 없어지는 것이 아니라 왜 지연이 되는지에 대한 설명이 없다는 것이다. 그리고 미안하다는 사과도 없으며 승객들 중에도 항의하거나 불만을 표시하는 사람이 없다. 지난 번 꾸스코에서 라파스행 비행기가 6시간 연착되었으며 보고타에서는 24시간 늦어진 경험도 했다.

공항에서는 시내를 연결하는 교통편도 좋지 않다. 기차는 없고, 공항버스 대신 시내버스가 있는데 2시간 이상 소요되는 경우가 보통이다. 택시의 경우 부에노스아이레스 공항에서 시내까지는 800페소로 대단히 비싸다. 이과수 공항에서도 숙소까지 택시비가 거의 900페소 이상 소요되었다. 호텔 예약 시에는 공항 셔틀버스가 운행되는지 확인한 후 예약해야 한다. 남미는 땅이 넓어 어느 곳을 가도 교통이 문제가 되는 것 같다.

이과수와 부에노스아이레스 여행 경로를 정리해 보면 이렇다. 이과수 폭포는 3개국(브라질, 아르헨티나, 파라과이)에 접해 있으므로 접근방법도 세 가지다. 나는 부에노스아이레스를 관광하는 코스를 선택했다. 항공권은 라파스-부에노스아이레스 국제선 공항(EZE) 구간 왕복권과 부에노스아이레스 국내선 공항(AEP)-아르헨티나 이과수(푸에르토) 구간 왕복

권을 각각 구입하는 것이 좋다. 부에노스아이레스 두 공항은 모두 시내에 있으므로 여유를 갖고 즐기면서 왕복 이동하면 항공권 비용도 절약할 수 있어 좋다. 즉, 라파스−부에노스아이레스−브라질 이과수(혹은 아르헨티나 이과수)−라파스와 같은 다구간의 항공권은 비싼 편이다. 대략 첫 구간 왕복 500불, 국내구간 300불 정도면 될 것이다. 숙소는 브라질 이과수 쪽이 아르헨티나 이과수 쪽보다 저렴하고 깨끗한 편이다. 양국 이과수 관람을 위한 이동 교통비는 다소 부담스러우므로 잘 선택해서 관광하면 되겠다.(1 브라질 헤알=300원, 1 아르헨티나 페소=40원 정도)

¶ 삼바의 도시, 리우를 향하여

오랜 망설임과 순간의 결정

아침식사는 늘 그래 왔듯이 바나나를 두유와 함께 믹서기에 갈아서 마셨다. 위가 별로 좋지 않은 나는 간혹 계란을 한두 개 프라이팬에 튀겨서 먹기도 한다. 전날 밤늦게까지 모임이 있었거나 하는 특별한 사정이 없을 때는 보통 아침 6시 반경에 일어난다. 이곳 3월은 가을인데 아침 이불 속이 따뜻함을 느끼며 일어나기가 싫을 때가 많다. 거의 1년 내내 전기장판을 틀어 놓지 않으면 밤 사이 기온 저하로 침대가 제법 싸늘하다.

요즘 출근하는 것이 귀찮고 싫을 때가 잦다. 직장생활을 한 사람이라면 누구나 이런 경험은 있을 것이다. 평생 직장생활을 해온 나지만 요새 느끼는 감정은 전과는 좀 다른 것 같다. 한마디로 이젠 그만하고 싶은 심정이다. 몸이 무겁고 쉬고 싶다. 과거 직장에서 느끼던 성취감과 보람만큼 현재 기관의 봉사에서 오는 만족감이 크지 않다. 무엇보다 기관에서 크게 고마워하지 않는 것 같은 인상이 내 마음을 무겁게 만든다. 내가 하고 있는 일이 이들에게 보잘것없기 때문이 아니라 원조받는 문화에 오래 젖은 자세나 표현방식의 문제가 아닌가 생각한다.

퇴근해서 집에 돌아오면 식탁 겸 책상인 자리에 앉아 보고서를 쓰거나 세미나 자료를 준비한다. 사무실과 집에서 하는 일이 모두 업무와 관련된 것이고 구분이 없다. 집에서도 업무와 관련된 일을 하지 않으면 가끔 볼리비아 생활에 대해 글을 쓰는 외에 딱히 다른 할 일이 없다. 스페인어 공부도 소홀히 하고 있다. 그 외 인터넷 뉴스, 바둑, 유튜브 보기 등이 일과의 전부다. 이런 단순하고 반복적인 생활은 나를 답답하게 만들고 귀국 후의 생활까지 생각할 때면 숨이 막히는 것을 느낀다.

거의 습관처럼 수시로 하는 일 중의 한 가지가 귀국일이 얼마나 남았는지 확인하면서 그 전에 남미, 중미 어느 곳을 여행할까 몇 번씩 생각해 보는 것이다. 앞으로 아마 다시는 오기 힘들 것이라고 생각을 하면서 브라질, 칠레, 우루과이, 코스타리카, 쿠바 등 중남미 거의 모든 지역의 비행 일정과 여행 여건을 확인해 본다.

가끔씩은 리우 데 자네이루와 산티아고 여행도 생각을 했다. 리우행 항공편은 거의 산티아고나 리마를 경유하고 있다. 리우와 산티아고 왕복 항공료가 평소에는 제법 비싼 편인데 2개월 후의 사정을 살펴보니 대단히 저렴하게 책정되어 있었다. 이런 경우에 며칠 지나면 다시 급상승하는 경우가 남미 항공사에서는 종종 있다.

나는 좋은 기회를 놓칠세라 산티아고를 거쳐 삼바의 도시 리우를 왕복하는 티켓을 예약해 버렸다. 라파스―산티아고 3시간 소요 왕복 25만원, 산티아고―리우 4~5시간 소요 왕복 35만원, 합계 60만원이었다. 오랫동안 생각해 오던 것을 가격이 싸다는 이유로 빠르게 행동으로 옮겨버린 것이다. 변경이나 취소가 안 되는 조건의 항공권과 호텔 숙박권 예약이다.

리우 데 자네이루(Rio de Janeiro)

브라질은 국토 면적 세계 5위(러시아, 캐나다, 미국, 중국, 브라질), 인구 세계 5위(중국, 인도, 미국, 인도네시아, 브라질)의 대국이다. 칠레와 에콰도르를 제외한 남미 모든 국가(남미 13개국 중 10개국)와 국경이 맞닿아 있다. 남미에서 유일하게 포르투갈의 식민지였던 영향으로 포르투갈어를 사용하고 국민의 70% 이상이 가톨릭을 믿는다. 화폐 단위는 헤알(1 BRL=300원 정도)이다.

리우 데 자네이루는 세계 3대 미항(리우, 나폴리, 시드니)의 하나이며 유네스코 세계문화유산으로 등재되어 있다. 과거 200년간 브라질의 수도였으나 1960년에 브라질리아로 수도를 옮겼다. 리우 데 자네이루는 포르투갈어로 '1월의 강'이라는 뜻이다.

브라질의 랜드마크, 거대 예수상

코르코바두 산(Corcovado Mt. 700m) 정상에 있는 예수상(Christ Redeemer)은 리우의 상징이며 브라질의 랜드마크이다. 포르투갈로부터 독립한 지 100주년 되는 해를 기념하여 세운 것으로 높이 39.6미터, 무게 가 무려 1,145톤이나 된다고 한다.

시내의 모든 전경이 한눈에 들어왔다. 택시를 이용해도 되나 톱니바

△ 코르코바두의 예수상 아래에서

퀴 산악열차를 이용하여 약 30분 정도 산을 올랐다. 예수상의 크기와 규모도 상상을 초월하지만, 예수상 아래로 내려다보이는 리우 시내의 멋진 풍경은 그야말로 한 폭의 그림이었다. 길게 늘어진 해변과 하얀 파도, 수많은 배와 그 위를 나는 새들, 여기저기 높은 건물들과 녹색 숲들이 조화롭게 뒤섞여 하나의 도시를 이루고 있다.

코파카바나와 이파네마 해변

코파카바나(Copacabana) 해안은 리우의 관광지이자 휴양지다. 완만하게 굽은 약 5km의 백사장에는 희고 검은 모자이크 모양으로 치장한 산책길을 따라 고급 호텔과 아파트들이 늘어서 있다. 주위에는 상점 나이트클럽, 바, 극장 등이 줄지어 늘어서 있고, 1년 내내 세계 각지에서 몰려드는 관광객들로 북적거린다. 특히 리우 카니발이 열리는 2월에는 관광의 절정을 이룬다.

이파네마(Ipanema) 해변은 코파카바나 해변과 가까운 곳에 있는데 노을이 예쁘다고 한다. 또한, 코파카바나 해변이 중산층과 서민층의 해변이라면 이파네마 해변은 부자들의 해변이라고 일컬어진다. 항상 관광객들이 붐비고 걷거나 달리는 현지인들의 모습을 볼 수 있다. 건물과 바다와 산들이 뒤섞여 조화를 이루고 있는 리우 시내는 마치 홍콩과도 흡사하고 길게 늘어진 해변은 한국의 해운대와도 흡사하다.

1. 정상에서 본 코파카바나 해변
2. 호텔에서 본 코파카바나 해변

떼아모, 볼리비아!

¶ '설탕봉', 팡지아수카르

정제된 설탕덩어리를 담아내던 원뿔 모양의 용기를 닮았다고 하여 지어진 이름의 '팡지아수카르(Pan de Azucar, Sugar Loaf)'는 코르코바두 언덕과 더불어 리우의 관광명소 중 하나다. 영어로 슈가로프산으로 불리는 이 산은 정상까지 케이블카로 오를 수 있다. 케이블카는 65명이나 태울 수 있을 정도로 대단히 크다. 중간 케이블카 교체지점에서 맛있는 생선요리로 한 끼 식사를 한다면 금상첨화다. 정상에서 리우 전경을 한눈에 내려다볼 수 있어 정말 좋다.

△ 내려오는 케이블카를 보내면서 정상에 도달한다.

1-2. 정상에서 내려다본 리우 전경

¶ 카이피리냐와 리우 쇼

이렇게 두세 곳 정도 보고 나면 하루 낮이 거의 지난다. 저녁시간에는 식당을 찾아 브라질 특유의 식사를 하고 예약된 장소에서 '리우 쇼'를 보면서 피로를 풀면 리우 관광 일정은 충분히 마무리가 될 것이다. 나는 과거 브라질 근무 경험이 있는 자문관이 추천한 '포구 지 샤우(Fogo de Chao)'라는 브라질식 스테이크 하우스에서 식사를 했다. 뷔페식 고급 식당이었다.

브라질에는 사탕수수로 만든 카차샤(Cachaca)라는 40도 정도의 브라질 국민 증류주가 있다. 카이피리냐(Caipirinha)는 카차샤 레몬 얼음 설탕으로 마시기 좋게 만든 부드러운 칵테일이다. 페루와 칠레에는 국민주인 피스코(Pisco)와 마시기 좋게 부드럽게 만든 피스코 사워(Pisco Sour)라는 칵테일이 있고 볼리비아에도 신가니(Singani)라는 전통주가 있다.

리우 쇼는 사전에 보고 싶은 것을 골라서 개별적으로 예약해서 보면

△ 뷔페식 스테이크 하우스 Fogo de Chao

좋을 것이다. 호텔에 의뢰하면 그 호텔의 수준에 맞는 여행사에 부탁을 해서 단체관광 프로그램에 동승을 하게 된다. 리우 쇼는 격일로 운영하는 곳이 많으며 요금도 비싸므로 신중히 고를 필요가 있다.

공항에서는 시내에 도착할 정도의 교통요금만 환전하고 절대로 많은 금액은 환전하지 않을 것을 권장한다. 시내 곳곳에 환전소가 있고 환율도 좋다. 공항에서 70달러를 환전하며 35% 환전세(tarifa)를 떼이고 나서 깨달은 바다. 원래는 약 216레알을 받았어야 하는데 140레알밖에 받지 못했다. 리우에서는 공식화된 공제 비율이라고 한다. 리우는 세계적 관광지라 물가가 비싸고 치안도 신경이 쓰인다. 긴장을 놓지 말아야 할 것이다.

△ 리우 쇼

1. 리우 쇼
2. 리우 공항의 환전 영수증

¶ 홀로 칠레를 가다, 산티아고 관광

혼자 떠나도 좋은 때가 있다

언어와 문화가 다른 낯선 곳을 여행하는 데는 긴장과 설렘도 있지만 약간의 용기도 필요한 것 같다. 나는 출발 전부터 자신이 좀 초라하고 외로워 보이지는 않을까 하는 걱정부터 들었다. 가족이나 친구가 없는 고독남이나 사연 있는 도피범으로 보이지는 않을까 하는 생각이 문득 들기도 했다.

갈수록 여행을 혼자 즐기는 사람들이 점점 많아지고 있다. 불과 20대 초반의 아주 가냘픈 여성 혼자서 남미를 몇 개월씩 여행하는 모습도 이곳에서 많이 보았다. 젊어서 하는 여행, 특히 혼자 하는 여행은 오래도록 많은 추억을 남겨준다. 나도 과거 직장생활할 당시 혼자서 유럽을 수차례에 걸쳐 여행한 적이 있다. 지금도 그때의 기억들이 마치 몇 개월 전의 일처럼 머리에 생생하게 남아 있다. 젊은이들은 여행을 통하여 넓은 세계를 보고 자신을 발견할 수 있다. 견문을 넓히고 꿈과 야망을 키우며 아름다운 추억을 많이 만들 필요가 있다.

저지대로 떠나는 휴양여행

이곳 라파스에서는 틈만 나면 여행을 생각하는데 나름대로 이유가 있다. 모처럼의 남미생활에서 가능한 한 많은 여행으로 추억을 많이 만들고 싶은 것이다. 혼자 생활을 하다 보니 비교적 시간적 여유도 있어 자연스레 여행을 하게 된다. 그리고 또 다른 중요한 이유는 외국인이건 내국인이건 라파스 거주자들은 틈이 나면 저지대로의 휴양을 생각하게 된다. 저지대 휴양을 다녀오면 당분간은 고통없이 생활을 할 수 있기 때문이다. 나 역시 이런 이유로 여행을 자주 생각하게 된 것이다.

산티아고는 라파스에서 리우를 가는 도중에 먼저 들렀고, 리우에서 오면서 마지막 날 하루를 다시 머물렀다. 남미에서는 다음 연결 항공편이 국외일 경우는 일정을 하루 뒤로 잡는 것이 좋다. 당일 항공편이 연착되거나 취소되는 경우가 종종 있기 때문이다. 비행기를 놓치면 보상을 받는 것도 어렵지만 다음 일정에 낭패를 본다.

비행기는 안데스 산맥 상공을 북에서 남으로 종단했다. 상공에서 아래를 보니 온통 검붉거나 회색이거나 황토색이 반복되고 있었다. 저 아래가 바로 세계에서 가장 길고 험준한, 해발고도 6,000m 총 길이 7,000m에 이르는 안데스 산맥이다. 비행기로 세 시간 이상을 날아서 산티아고에 도착했다.

칠레는 세계에서 가장 긴 나라(4,300km, 해안선 길이 6,435km), 남미 유일의 OECD 회원국, FTA 선진국, 남미 제1의 경제국 등의 수식어가 붙는 나라다. 수도 산티아고는 칠레 중앙부 안데스 산맥과 해안 산맥 사이의 분지 위 해발 약 500m에 위치한다. 1541년 스페인의 페드로 데 발디비아(Pedro de Valdiva)가 건설했으며, 최초의 요새가 산타루시아 언덕(Cerro Santa Lucia)에 구축되었다. 이후 지진·홍수·대화재 등 여러 차례의 재해로 파괴되었으나 기후가 양호하고 경치가 아름다워 관광객이 많다.

도착한 산티아고는 흐리고 우중충했다. 아침 9시가 되면 겨우 햇살이 호텔 창가에 비치는 정도였다. 매일의 날씨가 그러니 표준시를 너무 이르게 설정한 것이 아닌가 싶었다.

모네다 대통령궁

산티아고는 매우 현대적인 건물과 서구적인 분위기를 갖춘 도시이다. 시내의 주요 볼거리는 대부분 정부기관이 밀집해 있는 구시가지에 위치해 있어 도보로도 쉽게 관광할 수 있다. 모네다(Moneda) 대통령궁 건물

△ 모네다 궁전과 헌법광장

은 원래 조폐국으로 사용하다가 1846년 마누엘 불네스(Bulnes) 대통령 때부터 대통령궁으로 이용했다고 한다.

아르마스 광장(Plaza Armas)

산티아고 구시가지 중심에 위치한 중앙광장으로 관광객이 가장 많이 몰리는 곳이다. 스페인 식민으로부터 해방된 것을 기념하는 독립기념비, 국회의사당, 산티아고를 건설한 정복자 페드로 데 발디비아 동상, 대성당(Cateral), 박물관, 칠레 대학 등이 모두 인접해 있다.

대성당은 정복자 발디비아가 산티아고에 도착한 1558년에 건립하였으

1. 아르마스 광장의 대성당
2. 산티아고 시내 거리 모습

△페드로 데 발디비아 동상

며 가톨릭교인이 많은 칠레에서 정신적인 지주 역할을 하는 가톨릭의 총
본산이다. 박물관은 식민시대 영화를 결집한 산티아고의 대표적인 콜로
니얼 건축으로 식민지 시대부터 1925년까지 산티아고 시의 변천사를 엿
볼 수 있다.

중앙 수산시장(Mercado Central)

1872년 개장하여 각종 해산물, 생선, 과일, 야채를 판매하는 칠레 서
민 어시장이다. 중앙시장 내에는 해산물요리 전문식당이 여러 곳 있다.

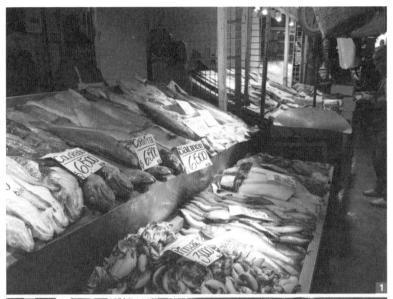

1. 중앙시장 내의 생선과 해산물 판매대
2. 돈데 아우구스트(Donde August) 식당

대게, 전복, 연어, 새우, 메로 등 각종 생선들을 맛볼 수 있으나 가격이 만만치 않다. 시장 내의 가장 중앙에 위치한 'Donde August'라는 식당 (https://dondeaugusto.cl/)이 관광객이 가장 많아 보였다. 이곳은 아르마스 광장에서 걸어서 오기에 충분한 거리다.

산크리스토발 언덕(Cerro San Cristobal)

이곳 주위에 한국 식당과 상가들이 모여 있는데 교민들은 이곳을 '산 티아고의 남산'이라 부른다고 한다. 산티아고 시의 전경을 둘러볼 수 있 고 정상에 성모 마리아 상과 노천성당이 있다. 교황이 산티아고 시를 방 문하여 이곳에서 미사를 본 것으로 유명하며 케이블카 또는 자동차, 도 보를 이용해 정상에 오를 수 있다.

걸어서 30분 정도의 거리에는 산타루시아 언덕이 있다. 산타루시아 언 덕은 산티아고를 세운 발디비아가 저항하는 원주민을 막기 위해 만든 요 새이다. 돌 계단으로 이어진 성에 오르면 산티아고의 전경을 내려다볼 수 있다. 산책하기에 아주 좋은 코스로 마음먹으면 아르마스 광장에서 출발하여 주변관광지를 걸어서 관광하고 마지막에 중앙시장을 들러 식 사를 한다면 좋은 하루의 일정이 될 것이다.

이곳은 구시가지 지역에 속하는데 신시가지 지역을 가려면 택시로 40 분 정도 가야 한다. 구시가지는 역사가 깊은 유적지이고 신시가지는 쇼 핑타운, 고급 호텔 등이 모여 있다고 보면 된다.

1. 산크리스토발 언덕에서 내려다본 산티아고 시내
2. 산타루시아 언덕

기타 남미 여행 정보

남미 여러 나라의 한국 식당 사정은 크게 다르지 않은 것 같다. 일식당 중에서는 고급스러운 큰 식당들이 더러 있는데 한국 식당은 현지인들에게 내세울 정도로 깨끗하고 고급스러운 곳이 별로 없었다. 산티아고에는 한국 식당이 많은 편인데 한 곳을 들렀으나 별로 좋지 않았다. 이곳 한국 식당은 오전 11~3시, 오후 7~11시에 영업하며 일요일에는 영업을 하지 않으므로 방문 전 확인이 필요하다.

그 밖에 안데스 산맥 탐방, 와이너리 하우스 방문, 남극 파타고니아 트레킹(아르헨티나에서 접근) 등 많은 프로그램들이 있으나 시간과 비용이 많이 소요될 것이다.

참고용 한국 식당 연락처

식당	전화	주소	비고
가온	2242-0082	Av. Manquehue Sur 674, Las Condes	한식
다리원	2732-3150	Antonia Lopez de Bello 173 Recoleta	중식
대장금	2732-4772	Bombero Nunez 174, Recoleta	한식, 일식
만나	2735-4367	Rio de Janeiro 330, Recoleta	한식
비원	2232-8510	Coronel 2380, Providencia	한식, 일식
서울	2732-5689	Sagrado Corazon 371, Recoleta	한식
숙이네	2735-8693	Antonia Lopez de Bello 244, Recoleta	한식
한소반	2735-9354	Rio de Janeiro 248, Recoleta	한식
ICHIBAN	2453-1793	Padre Hurtado 1521, Vitacura	일식
Hanabi	2243-0234	Vitacura 9875, Vitacura	일식

남미국가 화폐단위/환율(2018년, 참고용)

국가	화폐 단위	환율	비고
볼리비아	볼리비아노(Bs)	1볼=165원	
페루	솔(sol)	1솔=350원	
아르헨티나	페소(Peso)	1페소=40원	IMF와 구제금융 논의 중
브라질	헤알(Brl)	1헤알=300원	
칠레	페소(Peso)	100페소=160원	
콜롬비아	페소(Peso)	1000페소=400원	
파라과이	과라니	1000과라니=200원	
우루과이	페소(Ur$)	1달러=30페소	

볼리비아 경제·정세 및 투자환경

▽ 세계에서 가장 높은 공항이 있는 엘 알토(El Alto, 해발 4,060m)의 야경
By Murray Foubister, via Wikimedia Commons

정부조직(Organization: as of 2017. 1. 20.)

1. 중앙정부 21개 부처(21 Central Government Organization)

President	Ministry of Planning		대통령
	Ministry of President	ITC and e-Gov't Agency(AGETIC)	
	Ministry of Public Works, Service and housing.		
	Ministry of Education	Viceministry of Science and Technology	
	Ministry of Communication	Bolivia TV (Gov't TV Channel)	
	Ministry of Finance		
	Ministry of Foreign Affairs		
	Ministry of Sports		
	Ministry of Health		
	Ministry of Justice		
	Ministry of Government		
	Ministry of Products Development		
	Other 9 ministries		
Vice President	Congress Legislative Org.		부통령
	Bolivian Development of the Information Society		

기타	Judicial authority	
	Electoral authority	General Service of Personal Identification (SEGIP)

2. 9개 주(州) 정부(Department Government)

• 라파스(La Paz), 코차밤바(Cochabamba), 산타크루스(Santa Cruz), 추키사카(Chuquisaca), 포토시(Postal), 오루로(Oruro), 타리하(Tarija), 베니(Beni), 판도(Pando)

• 122 Provinces, 339 Municipios, 1,880 Comunidades, 27,871 Localidades

경제 정책

1. 천연자원 정책(2009년 헌법 기준)

① 에너지, 통신, 광업, 전기, 철도 등 주요 기간산업은 국유화되어 있고, 천연자원의 국유화를 명시함과 동시에 자원개발 관리 및 통제권을 국가에 두고 있다.

② 국가는 천연자원의 탐사, 채굴, 산업화, 수송 및 상업화의 관리와 방향에 대한 책임을 진다.

③ 탄화수소(석유 및 천연가스)의 생산 및 상업화 활동은 국영석유가스

공사(YPFB)를 통해서 실행하는 것을 원칙으로 한다. 외국기업은 법률과 볼리비아 통치권에 따라야 하며 어떠한 예외도 인정하지 않는다.

④ 금속 및 광물자원의 국가소유권을 명시하고 있으며, 토지 소유자도 광업권을 취득하지 않고는 채굴할 수 없는 광업권주의를 채택하고 있다.

⑤ 국영광물자원공사(COMIBOL)가 모든 역할을 수행하고 있으며, 광업 관련 계약 시 입법부의 승인을 요한다.

2. 자원 산업화 정책

① 정부가 추진중인 산업화 정책 프로젝트로는

- 탄화수소 산업화: 요소/암모니아 비료공장 플랜트, 폴리프로필렌 및 폴리에틸렌 석유화학 플랜트

- 리튬 산업화: 리튬 탄산염 및 탄산 칼륨, 리튬 양극재, 리튬 베터리 생산

- 전력 생산설비: 발전소 신설 및 증설(수력, 풍력, 열 등)

- 철 및 비철금속: 펠렛, 철강 플랜트 건설 프로젝트 등

3. 경제 사회 개발계획/2016~2020(PDES: Plan de Desarrollo Economico y Social)

① 경제사회개발계획은 경제사회분야 68개 목표와 340개의 지표를 설정하고 모든 공공투자, 외국투자, 원조는 이 계획에 근거하여 집행하도록 하고 있다.

② 2020년까지 1인당 GDP 5천 달러를 목표로 설정하고 있다.

구분	주요 목표
빈곤 퇴치	– 여성폭력 및 인종차별 근절을 통한 정신적 빈곤 퇴치 – 절대적 빈곤층 감소(2014년 17.3% → 2020년 9.5%) – 차상위 빈곤층 감소(2014년 39.3% → 2020년 24%)
보건	– 보건 인프라 구축 　(4차병원 4개소, 3차병원 12개소, 2차병원 31개소, 보건소 180개소 건축) – 모유수유 비율 확대(2012년 64.3% → 2020년 84%) – 만성영양부족 감소(20212년 18.1% → 2020년 9%) – 모성사망비를 신생아 10만명당 115명으로 감소 – 영아사망률을 신생아 1,000명당 35명으로 감소
교육	– 교육인프라 구축(기술 훈련원 74개소 건축)
주거	– 신규 주거지 건축(2014년~2020년간 51,290 주거지 건축) – 기존 주거지 개축(2014년~2020년간 63,710 주거지 개축)
상하수도	– 하수도 보급 확장 　(도시지역 2014년 63% → 2020년 70%, 농촌지역 2014년 42% → 2020년 60%) – 상수도 보급 확장 　(도시지역 2014년 92% → 2020년 95%, 농촌지역 2014년 66% → 2020년 80%)
전력	– 전력 보급 확장 　(도시지역 2014년 96.7% → 2020년 100%, 농촌지역 2014년 64.4% → 2020년 90%)
인터넷 및 전화	– 50가구 이상 커뮤니티 전체 대상으로 인터넷 및 전화 보급
교통	– 고속도로, 대서양–태평양, 남–북, 동–북간 연결도로, 주요 도시간 연결, 교량을 포함한 4,806km의 도로건설 – 볼리비아 국내·국제 공항 신축 및 개축을 통해 전역의 항공연결체계 강화 　(국제공항 6개, 국내공항 12개) – Viru Viru 공항을 국제 허브 공항으로 육성
관광	– 외국인 관광객 유치 활성화(2014년 120만 명 → 2020년 260만 명) – 국내 관광객 유치 확대(2014년 310만 명 → 2020년 450만 명)
탄화수소 에너지	– 탄화수소 확인 매장량 증대(석유 2013년 2.11억 배럴 → 2020년 4.11 배럴, 천연가스 2013년 10.45조㎥ → 2020sus 17.45조㎥) – 탄화수소 일일 생산량 증산(석유 2014년 5.2만 배럴 → 2020년 6.9만 배럴, 천연가스 2015년 0.6억㎥ → 2020년 0.73억㎥) – 탄화수소 운송을 위한 가스관 746km 건설

때아모, 볼리비아!

농업	– 농업생산 다양화, 생산성 및 친환경적 유기농 생산 증대
	– 기계화 생산 면적 증대(2014년 260만 헥타르 → 2020년 380만 헥타르)
	– 경작면적 증대(2014년 350만 헥타르 → 2020년 470만 헥타르)
	– 관개 수혜 면적 증대(2014년 36만 2천 헥타르 → 2020년 70만 헥타르)
	– 농업 생산량 증대(2014년 1,660만 톤 → 2020년 2,439만 톤)
	– 100만 헥타르 목축지에 대한 종합관리 및 준집중 축산 관리 시스템 구축

주요 지표

1. 경제성장, 부채 / 외환보유고

구분	단위	2011	2012	2013	2014	2015	2016	출처
GDP	백만 US$	24,123	27,232	30,824	32,780	33,238		BCB, IMF
경제성장률	%	5.2	5.2	6.8	5.5	4.8		BCB, IMF
물가상승률	%	9.88	4.52	5.74	5.76	4.06		WB, IMF
환율(매입)	Bs/ US$	6.86	6.86	6.86	6.86	6.86		BCB
대외부채	백만 US$	3,492	4,196	5,262	5,736	6,341		BCB
부채비율/ GDP	%	14.5	15.4	17.0	17.3	19.1		BCB
외국인투자	백만 US$	859	1,060	1,750	648	503		ECLAC
외환보유고	백만 US$	12,019	13,927	14,430	15,123	13,055		BCB

*** BCB: Bolivia Central Bank, WB: World Bank, ECLAC: UN 라틴아메리카, 카리브 경제위원회.

① 2006년 취임한 에보 모랄레스 대통령은 천연가스 산업의 국유화를

통해 국가재정수입을 크게 증대시켰으며, 이를 기반으로 공공투자를 확대하여 매년 4~6%대의 꾸준한 경제성장을 기록하고 있다.

② 2015년 남미 전체 경제성장률이 -1.5%(브라질 -3.8%, 아르헨티나 2.1%, 칠레 2.1%, 베네수엘라 -5.7%)에 머문 가운데, 볼리비아는 4.8%로 남미 선두를 유지하고 있다.

2. 고용 및 빈곤율

구분	단위	2011	2012	2013	2014	2015	2016	출처
실업률	%	2.7	2.3	2.8	3.2	3.6		ILO
최저임금	US$	1,415	1,737	2,084	2,431	2,876		재경부
빈곤율/지방	%	62	61	60	58	55		
빈곤율/전체	%	45	43	39	39	39		통계청
빈곤율/도시	%	36	35	29	31	31		

① 역사적으로 인종간 계층간 불평등 탓으로 자원부국임에 불구하고 2015년 기준 인구의 39%가 빈곤층이고, 전체 인구의 절반 이상이 원주민 출신의 빈곤층이다.

무역 현황

1. 무역 수지

구분	단위	2011	2012	2013	2014	2015	2016	출처
수출 (GDP 비율)	백만 US$	8,358 (35%)	11,254 (41%)	11,656 (38%)	12,300 (37%)	8,302 (25%)		
수출 (GDP 비율)	백만 US$	7,927 (-33%)	8,578 (-31%)	9,338 (-31%)	10,518 (-32%)	9,687 (-29%)		BCB
무역수지 (GDP 비율)	백만 US$	430 (1.8%)	2,676 (9.8%)	2,319 (6.5%)	1,783 (5.4%)	1,385 (-4.2%)		

① 2015년 무역수지는 2014년 대비 약 30억달러가 감소하였는데, 이는 수출감소가 큰 원인으로 작용한 것이다.

② 2016년 4월 기준 무역수지는 15년 동기대비 3억 9천만달러가 줄어든 -4억 5천만달러를 기록, 16년에도 무역수지는 어려울 것으로 예상된다.

2. 품목별 수출 현황(단위: 백만 달러, 출처: BCB)

구분		2014		2015		2016	
		수출액	수출량	수출액	수출량	수출액	수출량
	합계	3,929		2,852			
광물	아연	985	457	866	441		
	금	1,384	34	748	20		
	은	833	1,346	667	1,312		
	주석	366	15,691	268	15,429		
	구리	60	9	47	8		
	기타	302		257			

탄화수소	합계	6,597		3,973			
	천연가스	6,012	17,629	3,772	17,352		
	석유	584	4,608	201	3,669		
	기타	1	12	1	12		
비전통분야	합계	2,205		1,742			
	대두, 케이크	664	1,551	512	1,550		
	대두유, 오일	294	367	256	387		
	밤(열대)	171	25	178	23		
	끼누아	197	30	108	25		
	귀금속	41	2	80	3	.	
	가죽	51	15	40	14		
	커피	17	4	10	2		
	대두	90	184	3	7		
	설탕	10	19	1	1		
	기타	671		554			
그외상품	합계	297		345			
	재가공 수출	112		114			
	연료 및 윤활유	51		47			
	재수출	134		185			
총계		12,301		8,302			

*** 단위: 금, 은(톤), 기타(천 톤), 천연가스(백만 제곱 미터), 석유(천 배럴)

① 볼리비아는 탄화수소 및 광물 분야가 전체 수출액의 80% 이상을 차지하고 천연가스 수출은 전체 수출의 50%를 차지한다(대부분 브라질, 아르헨티나로 수출).

② 천연가스, 광물자원의 수출액은 계속 감소하고 있다.

3. 품목별 수입 현황(단위: 백만 달러, 출처: BCB)

구분			2014		2015		2016	
			수입액	점유%	수입액	점유%	수입액	점유%
소비재	비내구재	합계	1,148	11	1,164	12		
		가공식품	355	3.4	324	3.3		
		의약품	298	2.8	316	3.2		
		의류 및 원단	76	0.7	78	0.8		
		음료	52	0.5	60	0.6		
		주요식품	35	0.3	40	0.4		
		담배	15	0.1	20	0.2		
		기타	319	3.0	328	3.4		
	내구재	합계	1,050	9.9	1,048	11		
		자동차	566	5.4	561	5.7		
		악기류	200	1.9	206	2.1		
		가전제품	145	1.4	144	1.5		
		기구 및 장식품	92	0.9	88	0.9		
		가정용품	45	0.4	49	0.5		
		무기 및 군수품	2.7	0.0	0.8	0.0		
중간재		합계	4,817	46	4,331	44		
		연료	1,215	12	1,086	11		
		농업생산용	614	5.8	504	5.2		
		공업생산용	377	3.6	361	3.7		
		건설자재	2,271	22	2,073	21		
		운송장비 등	340	3.2	307	3.1		

자본재	합계	3,496	33	3,163	32		
	농업생산용	221	2.1	166	1.7		
	공업생산용	2,511	24	2,213	23		
	운송장비	764	7.2	784	8.0		
기타		50	0.5	61	0.6		
총계		10,518	100	9,687	100		

4. 주요 국가별 수출입 현황

① 2015년도 수출액 기준 국가 순위는 브라질, 아르헨티나, 미국, 콜롬비아, 중국, 일본, 한국, 페루, 벨기에, 인도 순이고, 수입액 기준 국가 순위는 중국, 브라질, 아르헨티나, 미국, 페루, 일본, 칠레, 멕시코, 독일, 콜롬비아, 한국 순이다.

② 볼리비아 최대 수출품목은 천연가스이며, 대상국은 브라질, 아르헨티나이고, 중국은 최대 수입국이 되었다.

③ 유럽과 아시아에서는 화학 기계 설비 및 자동차를 수입하고, 한국에서는 자동차 기계 철강 등을 수입한다. 한국은 아연과 은, 등 광물자원을 수입한다.

산업별 동향

1. 개관

① 볼리비아는 천연가스, 광물자원 및 농업, 목축 등 1차 산업을 바탕

에 둔 혼합경제체제를 유지하고 있으며, 1차 산업에 비해, 제조업, 건설업 등 2차 산업은 기술력 및 자본투자 부족 등으로 상대적으로 낙후되어 있다.

② 주요 산업별 GDP/노동인구 비율(출처: UN 카리브경제위원회/ECLAC)

산업별 GDP 비율(%)

공공행정 서비스	광업	농림어업	제조업	금융중개업
20.5	16.8	12.4	12.4	11.3
도소매, 숙박, 요식업	운송, 저장, 통신업	건설업	전력·가스·수도업	
10.6	10.3	3.5	2.4	

산업별 노동인구 비율(%)

농업	무역업	서비스업	제조업	운송업
29.5	20.7	17.5	10.4	6.9
건설업	금융업	광업	전력, 가스, 수도업	기타
6.8	5.2	2.2	0.3	0.5

2. 농업

① 전체 인구의 약 30%가 농업 인구이나, 기계화 및 투자부족으로 저개발 상태임.

② 전체 토지의 34%는 농경지로 사용하고 있으며, 감자, 쌀, 옥수수, 밀 등이 25%, 사탕수수, 면화, 대두, 설탕, 커피 등이 67%를 차지한다.

③ 사탕수수는 볼리비아에서 가장 많이 생산되는 작물이며 대부분이 산타크루스에서 생산된다.

④ 대두는 두 번째로 많이 생산되며, 감자, 쌀, 밀 등이 주요 식량작물이다.

⑤ 끼누아는 안데스의 대표작물이나 최근 수출과 가격이 감소 추세이다.

⑥ 코카잎은 전 세계 생산의 1/3 이상을 차지한다.

3. 축산물

주요 식량으로서, 닭고기, 쇠고기, 돼지고기 순으로 생산되며, 제조업 중 가장 활발한 분야는 식료품, 음료수이다.

에너지 및 자원

1.개관

① 한반도 면적의 5배에 달하는 안데스 동쪽의 광활한 토지에 주석, 은 등의 광물자원과 천연가스 등 풍부한 에너지 자원을 보유하고 있다.

② 자원의 대부분은 가공되지 않은 원자재의 형태로서, 최신 기술도입을 통한 에너지분야 산업화 정책 및 대체에너지 개발을 추진하는 중이다.

2. 광물자원

① 볼리비아는 세계 최대 리튬 매장국가로서, 미국 지질 연구소에 따르면 세계매장량의 약 22%를 차지한다고 한다(9백만 톤/41백만 톤=22%).

② 리튬, 비스무트, 안티모니, 주석 등이 세계생산량의 2, 3, 3, 4위를

차지한다.

3. 천연가스, 석유자원

① 천연가스 확인 매장량은 2015년 기준 12TCF로 중남미국가 중 베네수엘라에 이어 2위이며, 대부분 브라질, 아르헨티나로 수출된다.

② 석유는 확인 매장량이 2.1억 배럴로 세계적인 석유매장국 중 하나이다.

관세 및 무역장벽

① 관세 평가는 GATT 협정상 관세평가협약 및 안데스공동체 회원국 공동관세체계인 NABANDINA를 적용하고, 관세율은 대부분의 상품에 10~20%를 적용한다. 일반 자본재에는 5%의 관세를 부과하지만, 산업발전을 위한 자본재에는 무관세를 적용한다.

② 볼리비아 관세청은 특정 품목의 임시 관세율을 매달 발표한다.

③ 모든 수입품에 대해서 관세 이외에 CIF 가격에 14.94%의 부가가치세를 별도로 부과한다. 담배류(CIF가격의 50% 이상)와 주류(리터당 0.42~13.42BS)에는 특소세를 부과한다.

④ 수입이 비교적 자유로운 편이나 식약청에 등록되지 않은 의약품 등 별도로 정해진 수입 금지품목도 있다.

⑤ 기타 통관절차 별도 규정에 따른다.

투자 환경

 1. **외국인 투자 기본정책**(1990년 9월 투자법)

 ① 외국인 투자 개방으로 투자 제한이 없으며, 투자에 관한 허가나 승인 절차가 불필요하다. 볼리비아 회사 인수가 가능하나 볼리비아 헌법상 석유와 가스는 정부 소유로 규정하고 있어 국영석유가스공사(YPFB)와의 합작 또는 양허 계약을 통해서만 투자가 가능하다.

 ② 외국인에 대해 기본적으로 내국인과 동등한 대우를 보장하며, 투자 기업에 동일한 세법 적용을 한다. 외국투자가의 볼리비아 내 재산 소유권 인정 및 자유로운 수출입 활동 외환 환전 등을 보장한다.

 2. **투자 장벽**(2006년 천연가스 산업 국유화, 2009년 신헌법)

 ① 2009. 2. 7. 공포된 신헌법 320조는 내국인 투자가 외국인 투자보다 우선한다고 규정. 자원민족주의를 강화하여 광산 분야에 투자한 외국업체의 재투자 의무 등 국가통제 강화

 ② 광산 분야 합작투자에 있어서도 적어도 주재국 측의 지분 51% 이상 의무화

 3. **새로운 투자 촉진법 공포**(2014년 4월)

 ① 기존의 국유화 정책으로 얼어붙은 투자촉진을 위해 2014년 4월 4일 새로운 투자 촉진법 제정 공포. 그동안 논란이 되었던 외국인투자에 대한 국유화 규정 삭제.

② 주요 내용

• 세금 및 관세의 감면과 공제혜택

• 주요 경제분야(광물, 에너지, 교통 등)의 생산 진흥 지원

• 국외투자자금에 대한 법적 안정성 강화, 해외투자자들의 투자이익
  보장

• 국내 및 국외 민간투자자에 대한 투자절차 간소화

• 해외 투자자는 은행을 통해 자유롭게 국외 송금 가능

기타 중남미 전략

1. 중남미 주요국 GDP 성장률 전망치(%)

구 분	2014	2015	2016 (추정)	2017 (전망)	2018 (전망)	2019 (전망)
아르헨티나	-2.5	2.6	-2.3	2.7	3.2	3.2
브라질	0.5	-3.8	-3.6	0.3	1.8	2.1
멕시코	2.3	2.6	2.3	1.8	2.2	2.5
콜롬비아	4.4	3.1	2	2	3.1	3.4
페루	2.4	3.3	3.9	2.8	3.8	3.6
칠레	1.9	2.3	1.6	1.8	2	2.3
에콰도르	4.0	0.2	-1.5	-1.3	-0.4	0.3
과테말라	4.2	4.1	3.1	3.5	3.5	3.6
파나마	6.1	5.8	4.9	5.2	5.4	5.8
파라과이	4.7	3.0	4.1	3.6	3.8	3.8
베네수엘라	-3.9	-8.2	-12.0	-7.7	-1.2	0.7

자료: World Bank, Global Economic Prospects, 2017년 6월

2. 중남미의 주요 교역 대상국가

(단위: 억 달러)

순위	수입대상국				수출대상국			
	국가	2015	2016	비중(%)*	국가	2015	2016	비중(%)*
	전체	10,023	9,244	100	전체	9,187	8,808	100
1	미국	3,186	2,981	32	미국	4,144	4,003	45
2	중국	1,796	1,644	18	중국	821	802	9
3	브라질	397	377	4	브라질	267	238	3
4	일본	325	368	4	네덜란드	199	04	2
5	독일	384	362	4	캐나다	208	198	2
6	한국	310	292	3	아르헨티나	189	186	2
7	멕시코	244	221	2	일본	170	177	2
8	아르헨티나	216	191	2	인도	187	167	2
9	이탈리아	173	160	2	독일	147	145	2
10	캐나다	179	159	2	스페인	145	136	2
11	스페인	167	151	2	한국	129	135	2

자료: ITC Trade Map(최종 검색일: 2017. 10.)
* 주: 국가별 교역 비중은 2016년 교역 금액 기준으로 산정

3. 2016 한국의 중남미 주요국 수출 10대 품목

구분	브라질	멕시코	칠레	콜롬비아	페루
1위	전자기기 (85)	기계 (84)	자동차 (87)	자동차 (87)	자동차 (87)
2위	자동차 (87)	자동차 (87)	기계 (84)	플라스틱 (39)	광물성연료 (27)
3위	기계 (84)	전자기기 (85)	광물성 연료 (27)	기계 (84)	기계 (84)
4위	플라스틱 (39)	철강 (72)	플라스틱 (39)	철강 (72)	플라스틱 (39)
5위	광학의료기기 (90)	광학의료기기 (90)	전자기기 (85)	전자기기 (85)	전자기기 (85)

6위	철도차량 (86)	플라스틱 (39)	철강 (72)	고무 (40)	철강 (72)
7위	의료용품 (30)	철강제품 (73)	고무 (40)	유기화합물 (29)	유기화합물 (29)
8위	철강 (72)	고무 (40)	철강제품 (73)	화학공업제품 (38)	의료용품 (30)
9위	유기화합물 (29)	비금속제공구 (82)	토석류 (25)	광학의료기기 (90)	고무 (40)
10위	고무 (40)	가구류 (94)	제품 (74)	의료용품 (30)	광학의료기기 (90)

자료: Global Trade Atlas

4. 중남미 SWOT 분석 및 진출전략

강점(Strength)	약점(Weakness)
• 넓은 토지와 풍부한 천연자원 • 한국과 상호보완적 경제구조 • 내수시장 활성화 • 중산층 인구 증가 • 높은 임금 경쟁력 • 중남미 내 FTA 체결국가 다수	• 과도한 미국 의존경제로 미 경기변동에 취약 • 열악한 인프라 및 제도 • 빈부격차 심화 및 정치·사회적 불안정성 • 취약한 제조업 및 낮은 기술 수준 • 한국기업의 낮은 브랜드 파워·물리적, 심리적 거리감 존재
기회(Opportunity)	위협(Threat)
• 남미 경제회복 및 한국과의 협력 희망 • 중산층 증가에 따른 소비 확대 • 인프라 확충 계획 및 외국인 투자유치 정책 추진 • 중남미 내 한류 인지도 상승 • 사회 전반적 디지털화 진행 급속도	• 금융 시장 불안정 • 외부 환경 변화에 민감한 원자재 수출 의존 • 일본, 중국 등의 대 중남미 진출 확대 • 세계 보호무역주의 기조 강화 • 정치지형 변화(주요국 대선 등)

전략방향	세부 전략	진출 전략
SO전략 (역량 확대)	• 한-중남미 FTA 및 협상 중인 FTA 효과 분석 • FTA 효과 확산 및 국가별 또는 분야별 맞춤형 사업 추진	FTA 수혜품목 중심 마케팅
ST 전략 (강점 활용)	• 단순 수출대상국이 아닌 현지 생산을 통한 내수시장 공략 또는 제3국 진출 추진	중남미 통합시장 관점의 마케팅
WO 전략 (기회 포착)	• 현지 한류 등을 마케팅에 접목하여 중산층 대상 우리 기업 제품 수출 지원 • SNS 등을 활용한 디지털 마케팅, 전자상거래 플랫폼 활용	중산층 확대에 따른 소비재 진출 추진
WT 전략 (위협 대응)	• 신정부의 경제정책, 인프라 프로젝트, 제조업 육성 인센티브 등 조사 • 개발협력, 차관 활용 인프라 사업 등 다양한 접근 방법을 통해 비즈니스 기회 선점	중남미 신정부 정책기조에 맞는 사업 추진

5. 주요 이슈별 진출전략

주요 이슈	주요 이슈별 진출전략
한-중남미 FTA	○ FTA 수혜 품목 중심 마케팅 • 기 체결한 한-중남미 FTA(칠레, 페루, 콜롬비아) 및 현재 협상 중인 FTA 적극 활용 • FTA 효과 홍보, 수혜 품목 위주 맞춤형 마케팅 추진
중남미 시장 통합 움직임	○ 중남미 단일시장 관점의 마케팅 추진 • 태평양동맹과 남미공동시장간 협력 확대, 중미 국가간 관세동맹 확대 등 중남미 시장 통합 시도 • 중남미 다국적 기업에 대한 마케팅 강화, 자동차부품 또는 가전부품 등 기 진출 우리 기업의 통합 마케팅 추진
중산층 확대	○ 중산층 공략을 통한 중남미 진출 • 중남미 경기회복에 따른 중산층 증가 • 가격에 민감한 기존 소비방식에서 건강, 품질, 브랜드 위주 소비패턴으로 변화 • 스마트폰, 태블릿 등 디지털 기기 보급 확산에 따라 전자상거래, SNS 등 적극 활용을 통한 우리 기업 진출 지원
정권 교체에 따른 정치·경제 변화	○ 정부 정책방향에 맞는 사업 추진 • 신정부 경제정책, 산업육성방안, 인프라 건설계획 등 분석을 통해 우리 기업의 비즈니스 기회 선점 • KSP, ODA 등 적극적 활용으로 우리 기업 진출 지원

- 중남미 지역의 정치, 경제, 사회, 문화적 변화에 선제적 대응을 통한 비즈니스 기회 발굴
- 무역 관간 협업, 품목별 맞춤형 사업을 통해 비즈니스 기회 실현

6. 주요 산업별 진출전략

트렌드	주요 이슈별 진출전략
자동차 부품	• 현지 자동차 생산 확대, 로컬 콘텐츠 비율 증가에 따른 현지 투자 진출 적극 검토 • Tier 1, 2 기업과의 기술협력을 통한 OEM 납품 추진 • OEM 소싱 수요 적극 발굴 • 자동차·부품 관련 지역협정 활용
의료기기	• 장기적 차원에서 인증 준비 • 공공입찰 등 참가 검토 • 멕시코 의료기기 대여 서비스 트렌드 적극 활용 • 한–칠레 FTA 등 의료기기 무관세 혜택을 활용한 중남미 시장 진출
화장품	• 가성비 높고 사용이 간편한 기초라인 제품으로 인지도를 높이면서 현지 수요가 높은 색조라인까지 점차적인 제품군 확장 • 10~30대 여성 공략을 시작으로 점차 남성 미용시장으로 확대 • SNS 적극 활용, 메이크업 시연회 등 각종 체험이벤트 병행 • 초기 온라인 매장, 피부과, 미용실 타깃, 인지도 확보 후 매장 오픈 또는 입점을 통한 유통망 확대
소비재 (전자상거래)	• 현지 유력 유통업체의 오프라인 구매와 연계 • 미국 또는 중국 전자상거래 기업 활용 • 제품 및 서비스 차별화 • 현지 유력기업과의 제휴를 통한 효율적 플랫폼 구축

새로운 수출 먹거리 지속 창출	G2 대체시장으로서의 중남미 자리매김 분야별 맞춤형 마케팅 지원, 무역관간 협업 활성화 통해 달성

- 이 자료는 외교부 발간『2016년 볼리비아 개황』, ODA Korea 발간 『볼리비아 국가협력전략(CPS: Country Partnership Strategy)』, 대한무역투자진흥공사(KOTRA) 웹사이트 등을 참조하였습니다.
- 볼리비아에는 KOTRA 사무소가 없으며 자료조사가 쉽지 않습니다.